南岭成矿带湘中–湘南地区钨矿成矿规律与找矿预测研究

杨 梧 著

汕頭大學出版社

图书在版编目（CIP）数据

南岭成矿带湘中－湘南地区钨矿成矿规律与找矿预测研究 / 杨梧著. -- 汕头 : 汕头大学出版社, 2025. 1.

ISBN 978-7-5658-5515-3

Ⅰ. P618.670.626.4

中国国家版本馆 CIP 数据核字第 20255VT541 号

南岭成矿带湘中－湘南地区钨矿成矿规律与找矿预测研究

NANLING CHENGKUANGDAI XIANGZHONG XIANGNAN DIQU WUKUANG CHENGKUANG GUILÜ YU ZHAOKUANG YUCE YANJIU

著　　者：杨　梧

责任编辑：胡开祥

责任技编：黄东生

封面设计：寒　露

出版发行：汕头大学出版社

广东省汕头市大学路 243 号汕头大学校园内　邮政编码：515063

电　　话：0754-82904613

印　　刷：定州启航印刷有限公司

开　　本：710 mm×1000 mm　1/16

印　　张：14.5

字　　数：210 千字

版　　次：2025 年 1 月第 1 版

印　　次：2025 年 1 月第 1 次印刷

定　　价：88.00 元

ISBN 978-7-5658-5515-3

前 言
Preface

进入21世纪以来，我国经济迎来了又一个高速增长期。宏观经济形势全面好转，对资源的需求快速增长，导致紧缺矿产资源供需形势更加严峻，优势矿产资源的供需形势也不容乐观。长期粗放的开发方式带来了严重的生态环境问题。基础研究和资料的二次开发工作严重滞后，后备勘查基地严重不足。

为了给地方经济社会发展提供矿产资源保障，实现矿业和国民经济的可持续发展，笔者就读的中南大学地球科学与信息物理学院及贵州理工学院联合开展了南岭成矿带湘中—湘南地区钨矿成矿规律与找矿预测专项研究工作，本书依托项目研究成果编写完成。

本书是在贵州省普通高等学校隐伏矿床勘测创新团队（黔教合人才团队字〔2015〕56号）、贵州省地质资源与地质工程省级重点学科（ZDXK〔2018〕001）、首批全国高校黄大年式资源勘查工程教师团队（教师函〔2018〕1号）、贵州省地质资源与地质工程人才基地（RCJD2018-3）、贵州省岩溶工程地质与隐伏矿产资源特色重点实验室（黔教合KY字〔2018〕486号）、省级双一流项目"资源勘查工程教学团队"（YLDX201614）的支持下完成的。

本书通过对地球化学数据的统计分析，结合地球物理重、磁异常，化探异常，对湘中—湘南区域内隐伏岩体、构造及地层与矿床的关系进行了详细研究，总结了湘中—湘南区域内典型矿床的成矿模式，典型矿田、矿床综合信息找矿模型，从而划分湘中—湘南区域内主要的构造—岩浆（岩）成矿带，并对湘中—湘南区域内的矿产资源勘查区块进行优选，最终确定湘中—湘南区域内的重点成矿元素区（带）、主要潜在矿产资源找矿预测区和对主要多金属矿田深部潜在资源进行预测评价。

目录

Contents

第 1 章　引言

湖南地处扬子地块与华南地块两大地质单元的结合部位，构造岩浆活动频繁，特别是中生代以来的构造岩浆活动，为各类矿床特别是有色金属矿床的形成提供了有利的成矿地质条件，经过几十年的地质勘查工作，该区域发现了一大批矿产地，其中特大型矿床8处、大型矿床105处、中型矿床277处、小型矿床1 163处、矿点5 000余处；57种矿产的保有储量居全国前十位，34种矿产的保有储量居全国前五位（2010年数据），其中钨、铋、锑的保有储量具有全球优势，素有“有色金属之乡”和“非金属之乡”之美誉。

我国国民经济高速发展，对矿产资源的需求急剧增加，矿产资源供需矛盾越来越突出。但20世纪80年代中期开始，矿产资源勘探评价速度明显放缓，尤其是基础研究和资料的二次开发工作严重滞后，后备勘查基地严重不足。

为了给地方经济社会发展提供矿产资源保障，实现矿业和国民经济的可持续发展，笔者所在的中南大学地球科学与信息物理学院及贵州理工学院联合开展了南岭成矿带湘中—湘南地区钨矿成矿规律与找矿预测研究专项研究工作，本书依托项目研究成果编写完成。

研究区现状：湘南地块地处扬子板块和华夏板块的交接部位，两大板块边界呈南西—北东走向，沿资兴—郴州—临武深大断裂展布，而该断裂带又是湘南一条重要的成岩—成矿带，许多重要的燕山期花岗岩体（如黄沙坪、千里山及骑田岭）以及与花岗岩有关的矿床（如黄沙坪、柿竹园和芙蓉等钨锡铅锌多金属矿床）沿该带有规律地展布。对湘南构造—岩浆—成矿带的研究程度直接关系着对华南大地构造、花岗岩及大规律金属成矿作用的理解。前人已对该区内的黄沙坪花岗岩及其成矿特征，千里山花岗岩的同位素地球化学、成岩特征及成岩成矿的年代学和骑田岭花岗岩的侵位年龄、岩石成因及其与成矿的关系进行了大量的讨论，积累了丰富的资料。而与之相邻的另一条北西向构造岩浆带，即邵阳—郴县北西向构造岩成矿带，也是湘南—湘中地区另一条重要的锡铅锌多金属成矿带，与之相关的岩体被李四光称为“大义山式”花岗岩。前人对大义山花岗岩体地质构造特征的查明和花岗质岩浆的起源、演化、上升、侵位等动力学过程的分析，对该地区矿产资源普查与评价具有十分重要的意义。

湖南省处于扬子地和华南两大内陆板块的接合部位，在各个地质历史发展阶段，经历了不同的构造变化，海陆变迁、沉积成岩、火山喷发和岩浆侵入作用都对于湖南省内的内外生矿床成矿作用起着重要的控制作用。在武陵—雪峰期，岩浆活动微弱，出露于湘东北和湘西北地区的中元古界冷家溪群地层以一套以陆源碎屑为主的复理石建造，其中金元素丰度较高，为区域金的析出和初始富集提供了重要的来源。在震旦—加里东期，区内随着冰川的形成，剥蚀夷平，海水的进退，海底裂谷及同沉积断裂强烈发育，形成了湘西地区的高碳质页岩及规模巨大的石煤、磷块岩矿床，其中普遍含 Ni、Mo、V、Cu、U、Cd、Be、Ba、稀土（Gd 为主）、Pt、Au、Ag、Pd、Se、Hg 等 30 余种元素，有的已构成工业矿床。与此同时，深部地壳局部发生融熔，形成了越城岭、苗儿山、白马山、桃江、吴集及彭公庙、诸广山等大小不等的改造型（碰撞型）花岗岩体，并在局部出现了一些与其有关的金属元素矿化现象。海西—印支期，随着海水的升降、沉积环境和气候的变化，形成了很多有工业价值的沉积及层控矿床，如 D_2q 中的铅锌、黄铁矿；D_3—C_1 中的“宁乡式”铁矿；C_1 及 P_2 中的煤、海泡石、锰（铁）及石灰岩、白云岩等矿产。其中产于 D_2q 中的层控型铅锌（黄铁）矿分布较广，除此之外，产于石炭系下统中的测水煤系和二叠系上统中的龙潭煤系的煤、石灰岩、白云岩、海泡石等，也是省内的重要矿产资源。燕山期和喜山期，和其他华南地区一样，也是有色金属成矿的重要时期，一方面形成了一些重要的有色金属内生矿床，另一方面也对燕山期前形成的一些沉积、层控矿床进行了成矿叠加和改造，尤其是燕山期，形成了大量与岩浆热液有关的内生多金属矿床，一些燕山期前形成的构造，如耒阳—临武南北向构造、白马山—龙山东西向构造等，主要是在燕山期受到改造、利用后才成为重要的控矿构造。

从地球物理背景来看，从构造地层密度和磁性特征来看，湖南武陵—雪峰、加里东、海西—印支、燕山、喜山五大构造层之间存在 0.8 ～ 0.2 g/cm^3 的密度差。而区内花岗岩密度较低，且通常都侵入前古生代沉积岩和变质岩地层中，总的显示质量亏损，因此可以利用重力并辅以航磁研究区内的深部构造分布、花岗岩体分布、构造岩浆控矿规律等；有色金属成矿过程中，与岩浆岩有关的矿床往往与含磁性的矿物有关。而金属硫化物的蚀变带、含矿构造、含矿岩体和含矿地层均具有弱磁性，低阻高极化等电磁特性，因此高精度磁测和电法探测对于间接找矿有利。从重力场特征来看，湖南全境主体重力场显示弧形（马蹄形）重力高，分布于雪峰、幕阜—九岭隆起及长（沙）—衡（阳）鼻状隆起带，主要由沅麻、洞庭、衡阳三处重力高组成，地壳最薄，厚度为 30 ～ 32 km。而在弧形重力高区内镶嵌有局部重力低，是浅部低密度地壳物质的反映。布格重力异常往往与半隐伏、隐伏花岗岩类有着密切的关系，尤其是与中浅层花岗岩带有关，一般是与中浅层花岗岩带的剩余重力、垂向二阶导数负异常有关，在湖南省内有明显走向与花岗岩带有关的主要带状异常有 16 个，即北东向有瓦屋塘—白马山、城步苗儿岭—牛头寨、都庞岭、骑田岭—千里山，次级有铜山岭—祥林铺、瑶岗仙；北西向有茶陵—攸县、安仁—沩山、郴州—大义山—龙山、九嶷山—绥宁，次级有水口山—上堡，坪宝—骑田岭、香花岭、雪花顶—后江桥；近东西向有塔山—阳明山等。

磁异常是历次构造变动和构造岩浆热液活动热事件的磁记录，不同磁场变异反映了不同的地质构造特征。湖南省航磁异常整体较弱，磁场整体变化趋势由东向西逐渐降低，大体可以分为四个构造带，即吉首—张家界—石门一线西北武陵构造负异常带、通道—安化—益阳—安乡以西、吉首—张家界—石门以东雪峰弧形构造微弱正磁场区、安乡—湘阴—公田以北华容—岳阳隆起正异常区和通道—安化—益阳—公田异常区。其中，通道—安化—益阳—公田为一分界线，其西北部为微弱磁场，梯度变化小，而东南部磁场跃变，变化相对剧烈，梯度、强度较大。利用磁异常特征可以对区域构造变化和构造岩浆热液活动进行合理的解释。

从地球化学背景来看，湖南地处扬子、华南两大构造单元交界部位，地质构造复杂多样，受各种地质外力作用和原生地球化学元素背景制约，赋存于水系沉积物中的元素分布和分配极不均匀。

本书通过对地球化学数据的统计分析，结合地球物理重、磁异常，结合化探异常，对湘中—湘南地区隐伏岩体、构造及地层与矿床的关系进行了详细研究，总结了湘中—湘南地区典型矿床的成矿模式，典型矿田、矿床综合信息找矿模型，从而划分了湘中—湘南地区主要的构造—岩浆（岩）成矿带，并对湘中—湘南地区的矿产资源勘查区块进行优选，最终确定了湘中—湘南地区的重点成矿元素区（带）、主要潜在矿产资源找矿预测区，对主要多金属矿田深部潜在资源进行了预测评价。

第 2 章　区域地质背景

成矿是一个极其复杂而漫长的地质作用过程，受到多种地质因素（诸如地层、构造、岩浆活动、变质作用、成矿物质来源及成矿的物理化学条件等）的共同制约。湖南地处两大构造单元接合部位，地史发展悠久，地层发育齐全，构造复杂，岩浆活动强烈，为各时期相关矿床的形成创造了有利的成矿地质条件。其以矿种多、类型全、规模大和分布广为显著特点，而它们大多是上述诸多因素综合作用的产物。以各地质历史发展阶段（构造层）为基础，运用板块理论，由老而新分别阐述各地史阶段扬子和华南两大内陆板块的构造变动特征、演化规律及相互关系，在此基础上进一步探讨它们对湖南省的海陆变迁、沉积成岩作用、区域构造运动、火山喷发及岩浆侵入活动等相关的内外生矿床成矿的控制作用。

2.1 各地史时期区域成矿地质背景分析

2.1.1 武陵—雪峰期

中元古界冷家溪群主要出露于湘东北地区，另在湘西北有零星出露。当时本区处于扬子大陆边缘裂谷次深海—深海环境，沉积了一套以陆源碎屑为主的复理石建造，其中含 20% 左右的酸性火山碎屑岩。在湘东北见少量细碧—石英角斑岩及辉绿岩，在益阳附近有玄武岩产出，表明沿该线有相对较强的火山活动，其构造属性应属陆壳裂陷环境的产物。中元古代末期的武陵运动造成裂谷闭合并使武陵—雪峰地体与扬子地块陆缘产生碰撞拼贴。因为武陵运动具有北强南弱的特点，所以湖南当时的古地势北高南低，形成北陆南海的面貌，在此基础上接受了晚元古代早期板溪群的沉积。该期自湘西北往南东经雪峰山至湘中一带，依次为一套河流滨岸相（泥石群）、陆坡相（红板溪）及深海相（黑板溪）的沉积。它们虽然代表了不同大地构造环境下的沉积类型（稳定和活动），但均属于该期扬子地台东南缘的沉积序列。雪峰期火山岩有基性熔岩及中性为主的中酸性火山碎屑岩。晚元古代早期（板溪期）末所发生的雪峰运动是一场不均匀的地壳运动，使五强溪组同震旦系不同时代地层呈假整合或微角度不整合接触。总趋势是继承武陵运动北西强、南东弱的特点。除湘东南继续保持活动区性质外，湘西北、湘中及其他地区已基本上转化为稳定区。虽然武陵运动与雪峰运动性质有所差别，前者以挤压柔性变形为主，而后者表现为以拉伸作用为主的运动。在整个武陵—雪峰期间，由于岩石刚性程度较低，均遭受不同程度的韧性剪切作用，这对该套地层中丰度较高的金元素从中析出和初始富集具有重要意义，为以后构造岩浆活动形成金矿床奠定了物质基础，该期的中酸性侵入体主要分布在湘东北浏阳一带，如长三背、大围山、葛藤岭等，是江西九岭岩体的西延部分，它们的分布可能受到东西向构造带的控制。与该期岩浆活动有关的矿化微弱。

2.1.2　震旦—加里东期

雪峰运动造成古地势的强烈反差，随着冰川的形成，剥蚀移平，海水进退，在此基础上开始了新的发展阶段。震旦纪早期基本继承了雪峰运动前的古地势面貌，沉积物以碎屑岩为主，在通道—洞口一带，由于同沉积断裂活动，形成了一个呈北东向展布的海槽，沉积了一套火山碎屑浊积盆地相的凝灰质板岩，这与江口式铁矿的形成与分布关系密切。随着气候变暖，冰川消融，海侵范围扩大；在间冰期，除湘东南外，整个湘中、湘西北地区完全成为浅海局限台地潮坪环境。基底的起伏将其分隔成多个大小不等的沉积盆地，如湘西北的花垣盆地、湘西南、湘中及湘东北的一些盆地。沉积中心在江口—湘潭一带，海水较深，富含有机质硫化物及丰富的微体化石，在陆坡上部局限海水的环境下形成了若干个具有工业价值的碳酸锰矿床。

上震旦世陡山沱期是湖南省一个重要的沉积矿产形成时期。随着第二次冰川的消融，海面的显著上升，两个古地理单元湘西北台地和雪峰—湘中海盆形成了。在海盆的不同部位，自下而上，分别有铁、锰—铅锌—黄铁—磷等矿产的沉积。空间上多以磷为中心，其他矿产分布于其中或其边缘，它们大多受盆地边缘的同沉积断裂带控制；湘西北（东山峰）台地仅是扬子东南海中的一个浅水滩，发育了一套浅海盆地边缘浅滩相的炭屑云岩、藻礁磷块岩和颗粒磷块岩建造，表明其是在海水动荡的环境下形成的。有机质和磷质一般认为是上升洋流带来的。

早古生代，扬子东南缘构造古地理格局总体上继承了晚元古代的特点，在震旦纪末期的陆缘斜坡地带及湘中深海区所沉积的一套深海硅质岩建造的基础上，寒武纪初期海盆继续缓慢下沉。富含藻类、细菌的腐泥在广阔的海盆内大量堆积，并沉积了一套高碳质页岩及规模巨大的石煤、磷块岩矿床。其中普遍含 Ni、Mo、V、Cu、U、Cd、Be、Ba、稀土（Gd为主）、Pt、Au、Ag、Pd、Se、Hg 等 30 余种元素，有的已构成工业矿床。上述各元素来源复杂，分别具有超基性、基性及酸性岩所含微量元素的特征，推测很可能与当时海底裂谷及同沉积断裂的强烈活动有关。中晚寒武世至中奥陶世保持了较稳定的大陆边缘特征，只是边界逐渐向南东方向扩展。晚奥陶世，在湘中深水区开始转变为海相复理石沉积。华夏陆块北西缘自震旦系至奥陶系都是复理石沉积建造。据浏阳—衡阳一线以南的广大地区均缺失志留纪沉积这一情况来看，上述两大古陆在中奥陶纪以后便开始接触、碰撞，并产生大规模的叠瓦式推覆韧性剪切，导致湘中及雪峰山地区地壳缩短加厚。与此同时，在强大的剪切热动力作用下，使深部地壳局部发生融熔，形成了越城岭、苗儿山、白马山、桃江、吴集及彭公庙、诸广山等大小不等的改造型（碰撞型）花岗岩体，并在局部出现了一些与其有关的金属元素矿化现象。

2.1.3 海西—印支期

加里东末期发生的湖南省最大规模的板块俯冲—碰撞构造—热事件，完成了中国东南扬子、华南微板块的“统一”，其后的海西—印支构造（沉积）层成为坐落其上的“拼贴覆盖层”，即所谓“两个基底，同一盖层”。

加里东运动后全省隆起为陆，进入了一个稳定发展阶段。上古生代，除“江南古陆”外，其余地区大多属于碰撞后造就的中心式盆地。海水甚浅，属陆表海环境，地壳以振荡运动为主。主要有柳江上升运动（D_3末）、淮南上升（C_1末）、黔桂上升（C_3末）及东吴运动（P_1末），各地层间均呈整合或假整合接触。泥盆纪以后进入扩张期，在上述盆地内，由于北东及北西向扩张断裂的继承性活动，形成了一系列微型扩张型小型裂陷盆地，造成浅水碳酸盐台地与深水硅泥质沉积盆地相间排列景观。随着海水的升降、沉积环境及气候的变化，形成了很多有工业价值的沉积及层控矿床，如D_2q中的铅锌、黄铁矿；D_3—C_1中的“宁乡式”铁矿；C_1及P_2中的煤、海泡石、锰（铁）及石灰岩、白云岩等矿产。其中产于D_2q中的层控型铅锌（黄铁）矿分布较广，它们的形成和分布大多受台盆相与地台相的过渡地带控制，且多靠台地相一侧分布；少数分布于台地相内部各相过渡带、台盆边缘楔形分枝部位、线状生物礁分布地带及古海岛附近。这些地带往往发育有长期活动的基底断裂，是成矿物质的上升通道。产于泥盆系上统—石炭系下统中的“宁乡式”铁矿分布广，是湖南省一个很重要的铁矿类型，主要产于泥盆系上统中，如湘西北地区的黄家磴组、湘中的锡矿山组、湘东地区的翻下段。湘东南的层位较高，赋存于石炭系下统岩关阶中。这表明成矿是不等时的，与海进超覆有关。各地铁矿的成矿环境都很相近，大多与滨岸陆屑沉积相带和局限台地碳酸盐岩相带有关。物质来源部分来自当时的古陆（如雪峰古陆和华夏古陆）。产于石炭系下统中的测水煤系和二叠系上统中的龙潭煤系的煤、石灰岩、白云岩、海泡石等，也是省内的重要矿产资源。

印支运动在华南是一次重要的构造运动，构造变形形迹也较复杂，不同地段构造走向明显不同，主要特征是基底滑移、分块推覆。物探资料表明低速层（推覆型韧性剪切带）断续出现并呈阶梯状分布，很可能是地体在推覆过程中受到超壳深断裂影响的结果。如湘东地区有武功山地块向北西推覆，湘中地块则向西推掩，形成向西突出的祁阳弧；雪峰山地区的构造较复杂，基底构造呈扇形展布，雪峰山西侧向西呈叠瓦式推覆，在沅麻盆地东缘形成飞来峰群。推覆时代有由东向西逐渐变新的趋势。伴随强烈的构造活动，印支期酸性岩浆活动也十分强烈，最明显的就是北西向展布的沩山—五峰仙岩带。此外，还有呈东西向展布的塔山—阳明山岩带和白马山—天龙山岩带；南北向展布的中华山—五团岩带等。它们都受相应构造带的控制。岩性多以二长花岗岩为主，仍属改造型（碰撞型）花岗岩类，是扬子与华夏两陆块加里东期碰撞的继续和复活。与该期岩体有关的内生成矿作用明显增加，形成了一些金属矿点或矿化点。

2.1.4 燕山一喜山期

燕山期的板块活动已经不是陆陆碰撞，而是太平洋板块向已联合的欧亚大陆下面的俯冲作用。其结果是使包括湖南省在内的华南地区岩石圈结构发生重大变化：莫霍面以下的幔块相互挤压，其间产生巨大的幔内剪切带在湘中一带深深楔入上地幔软流圈，使该地区岩石圈厚度明显增加；而在莫霍面以上的地壳中，则产生多层次的滑脱、剪切与推覆，造成广泛的陆壳融熔，形成了多期次大规模的酸性岩浆侵入活动，给本期多种有色、稀有稀土、贵重金属及其他有关矿产的形成奠定了丰富的成矿物质基础。

在经历了多次构造运动后的燕山期，地壳刚性程度大大增加，所产生的构造形迹除局部地区（如湘西北）外，大多以断裂为主，其中北西和北东向两组断裂最为发育，它们无论对成岩还是成矿都起到了主导的控制作用。在它们或其与其他构造的交会部位往往是成矿最有利的地带，形成了大小不等的矿化集中区。白垩纪期间，由于太平洋板块的继续俯冲作用，弧后内陆盆地产生引张作用，形成了一系列北东方向呈多字形排列的断陷盆地，其中沉积了一套含岩盐、芒硝及石膏等沉积矿产的红色建造，而控制红盆的边缘断裂带往往是内生脉状多金属矿产的导矿和容矿构造。这些北东向形成较晚、最为醒目的构造形迹往往使形成稍早、同样具有重要控矿意义的北西向构造受到影响和干扰，后者因为不如前者清晰、宏伟而常常被人忽视。其他方向或形式的构造有的也有控矿作用，不过大多是局部的、次要的。还有一些燕山期前形成的所谓“老”构造，有的也与成矿有关，但它们大多是被燕山期各种成矿地质作用改造、利用的结果。

燕山期成矿有如下特点：

（1）具有工业价值（尤其是大中型及以上规模）的与岩浆热液有关的内生多金属矿床绝大多数是在燕山期的各个阶段形成的，且有成因联系的各类矿产在空间分布上具有明显的分带性。

（2）在漫长的地史时期，岩浆岩总的演化趋势是成矿元素丰度大多由老而新逐渐提高，燕山期达最高峰，成为该期内生成矿的主要物质来源。

（3）一些燕山期前形成的构造，如白马山—龙山东西向构造等，它们主要是在燕山期受到改造、利用后，才成为重要的控矿构造的。

（4）燕山期前形成的一些沉积、层控矿产，只有在受到燕山期的岩浆热液或有利成矿构造的叠加、改造作用使其富化后，才有可能形成较富且规模较大的工业矿床。

2.2　地球物理背景

2.2.1　构造地层密度和磁性特征

由表 2-1 可知，湖南中上元古界变质褶皱基底层为高密度弱磁性低阻层，加里东构造层以浅变质碎屑岩建造为主，属中低密度无到弱磁性中低阻层，海西印支构造层以碳酸盐岩建造为主，属高密度无到弱磁性层高阻层，其中喜山构造层密度最小，为无到弱磁性低阻层。

表 2-1　湖南构造地层、岩浆岩密度、电、磁性参数表

地层构造层		密度 /（g · cm^{-3}）		磁　性 /K（×4π×10^{-4}SI）	电阻率 /（Ω · M）
地层	构造层	变化范围	平均		
R—Q	喜山构造层	2.22 ～ 2.57	2.31 ～ 2.40	0	10 ～ 60
J—K	燕山构造层	2.47 ～ 2.64	2.53	0 ～ 5	60 ～ 200
D—T_2	海西—印支构造层	2.63 ～ 2.85	2.72	0 ～ 10	200 ～ 3 000
Z—S	加里东构造层	2.52 ～ 2.74	2.64	0 ～ 30	100 ～ 600
Pt—Pt_3	武陵—雪峰构造层	2.68 ～ 2.79	2.72	20 ～ 200	20 ～ 200
岩矿石名称	花岗岩	2.55 ～ 2.63	2.60	0 ～ n×10	5 000 ～ 16 000
	花岗闪长岩	2.62 ～ 2.67	2.64	1 630	n×103
	正长岩		2.65	22	
	基性岩		2.84	76 ～ n×104	
	超基性岩		2.91	355 ～ 2 080	
	玄武岩	2.75 ～ 2.84	2.80	759	
	煌斑岩			1 287 ～ 3 040	
	矽卡岩及钨锡铅锌类矿石	3.09 ～ 4.12		1 350	

湖南武陵—雪峰、加里东、海西—印支、燕山、喜山五大构造层之间存在 0.8 ～ 0.2 g/cm^3 的密度差。区内花岗岩密度较低，且通常都侵入前古生代沉积岩和变质岩地层，总的显示质量亏损。因此，在湖南地区利用重力并辅以航磁研究深部构造、花岗岩类岩体分布、构造岩浆控矿规律，是最有效的研究方法之一。

在钨锡铅锌多金属矿床成矿过程中，与岩浆系列矿床成矿作用有关的含磁性矿物、金属硫化物的蚀变带、含矿构造、含矿岩体、含矿地层具有弱磁性、低阻高极化率等电磁特性，具备高精度磁测和电法探测开展间接找矿的基本前提条件。

2.2.2 重力场特征

内部资料显示：湖南全境主体重力场显示弧形（马蹄形）重力高，分布于雪峰、幕阜—九岭隆起及长（沙）—衡（阳）鼻状隆起带，主要由沅麻、洞庭、衡阳 3 处重力高组成，地壳最薄，厚度为 30 ～ 32 km。布格重力场强度一般（-30 ～ -50）$\times 10^{-5}$ m/s^2，以常德、汉寿东、桃江北最高，达 -12×10^{-5} m/s^2，表明深部有高密度地壳物质的存在。围绕弧形重力高，向西、向南逐渐减小，落差（-50 ～ -150）$\times 10^{-5}$ m/s^2，湘西北最低 -130×10^{-5} m/s^2，苗儿岭最低达 -155×10^{-5} m/s^2，显示地壳相对增厚，厚 40 ～ 48 km。湘南（-60 ～ -80）$\times 10^{-5}$ m/s^2，地壳厚 35 ～ 45 km。在弧形重力高区内镶嵌有局部重力低，是浅部低密度地壳物质的反映。

湖南布格重力异常多呈面型分布，局部重力高、重力低，重力变异带的出现，说明地壳物质密度不均匀，与存在大量的半隐伏、隐伏花岗岩类岩体产生的重力效应的影响有关。重力低、重力高相间出现，方向各异，分布规律明显，其间多为线性梯度带分割，规模最大的线性异常为鄂湘黔梯度带、怀化—安化—沩山—衡山弧形梯度带，岳阳—宁乡—冷水滩梯度带、茶陵—嘉禾梯度带，系巨型深部断裂阶梯带的反应。属二、三级规模的梯度带为次级断裂阶梯带，或不同地层、不同岩性（岩体）的不同密度引起。

布格重力局部异常主要突出了中浅层花岗岩带引起的剩余重力、垂向二阶导数负异常，明显走向与花岗岩带有关的主要带状异常共有 16 带：北东向有瓦屋塘—白马山、城步苗儿岭—牛头寨、都庞岭、骑田岭—千里山，次级有铜山岭—祥林铺、瑶岗仙；北西向有茶陵—攸县、安仁—沩山、郴州—大义山—龙山、九嶷山—绥宁，次级有水口山—上堡、坪宝—骑田岭、香花岭、雪花顶—后江桥；近东西向有塔山—阳明山等。

布格重力区域异常反映了中下地壳乃至上地幔的地质构造特征，区域

“马蹄形”重力高对应莫霍面隆起，安化—白马山—苗儿岭—江华—连州市—诸广山—萍乡环形重力负异常带，沿雪峰弧形隆起南缘及长（沙）—衡（阳）鼻状突起边缘呈弧形分布，与上地幔凹陷及中下地壳深层花岗岩带的存在有关，共同组成湖南中下地壳特有的深部构造图像。

区域重力异常与爆破地震测深确定的地壳厚度之间呈线性关系，异常强度、形态特征，反映了莫霍面的起伏变化，重力高、低与莫霍面隆、凹一一对应。

反映 30 ～ 100 km 的地壳、上地幔卫星自由空气重力异常，可清晰地展现常德—安仁—桂东—汕头北西向转换断裂带两侧完全不同的重力场特征，南西侧为正、北东侧为负。

2.2.3 磁场特征

内部资料显示，整个湖南省航磁异常较弱，磁场总体变化趋势为由东向西逐渐降低，从磁场分布形态看，大体可分为四区：

（1）吉首—张家界—石门一线西北武陵构造带，为负磁场区，磁场相对平缓，梯度变化很小，强度低缓，为 0 ～ –20 nT，属稳定地块磁场特征。

（2）通道—安化—益阳—安乡以西、吉首—张家界—石门以东雪峰弧形构造带，为微弱正磁场区，属相对稳定地块磁场特征。磁场相对平稳，梯度变化小，强度低，一般为 0 ～ 20 nT，在沅麻红层盆地分布区，磁场强度多在 0 nT 左右；在雪峰中晚元古代隆起区，有零星 10 ～ 20 nT 的局部正异常出现，多数与基性—超基性岩、煌斑岩类等脉岩带分布有关。

（3）安乡—湘阴—公田以北华容—岳阳隆起带，磁场以东西向大面积正异常为主，强度 20 ～ 100 nT，北部出现负异常，强度 –20 ～ –40 nT，总体属半隐伏—隐伏构造岩浆隆起带磁场特征。

（4）大体以通道—安化—益阳—公田一线为界，将东西两侧分为截然不同的磁场特征区。西北部磁场微弱、较缓、平稳、梯度变化小，属相对稳定地块磁场特征。东南部磁场跃变，相对变化剧烈，梯度、强度较大，方向各异，为复杂多变的磁场区，表明地质构造变动较西部强，属相对活动性地块磁场特征。一般磁场强度 $-(n\times10^2)\sim n\times10^2$ nT，梯度变化较大，常正负相伴，磁场强度、规模，多呈现为正异常大于负异常，且北正南负，反映了中低纬度磁性地质体斜磁化局部磁异常的一般规律。

磁异常是历次构造变动和构造岩浆热液活动热事件的磁记录，不同磁场变异反映了不同的地质构造特征：

①构造块体边缘弧形磁异常带。磁场从北部安化一带的北东向，到溆浦往南至通道一带逐渐变为近南北向，长约 400 km，宽 30 ～ 40 km，一般西侧或北西侧为弱的负异常，强度 0 ～ –40 nT；东部为正异常，强度 20 ～ 100 nT，与晚元古界江口式沉积变质铁矿和下古生界含磁铁矿、磁黄铁矿板岩、变质砂岩和基性岩带有关，它是华南微板块向扬子微板块俯冲—碰撞、逆冲推覆挤压热动力变质作用的产物——韧脆性剪切带，是两块体碰撞的“磁缝合线”，伴随其后的岩浆热液作用，强化了磁蚀变。

②构造—岩浆隆起磁异常带。浅源磁异常多与本区强烈的岩浆热液蚀变和构造—岩浆隆起或断裂带有关，并以隐伏花岗岩体的“磁帽”或出露花岗岩体外接触带的环形磁异常带形式出现，一般呈带状分布，方向与构造隆起带走向一致，强度 –40 ～ 150 nT，以正异常为主。

从北至南主要构造—岩浆隆起磁异常带有 4 个：

a. 白马山—龙山构造—岩浆隆起弱磁异常带，走向东西，强度较弱，一般 20 ～ 40 nT，40 nT 局部异常零星分布在白马山、天龙山、大乘山和龙山 4 个由板溪群—奥陶系为轴部所构成的短轴背斜（穹窿）中，分布在穹窿周边中、泥盆系上统地层的局部磁异常与多金属矿化有关。

b. 越城岭—关帝庙构造—岩浆隆起弱磁异常带，走向北东，强度较弱，一般 20 ～ 40 nT，岩体中为负异常，正异常围绕岩体呈环形分布。正负相伴的高强度磁异常与沉积变质铁矿有关。

c. 都庞岭—阳明山—上堡弧形磁异常带，强度一般 20 ～ 100 nT。磁异常带由北南两部分组成，北带自大庆坪经永州至水口山、锡田一带，异常低缓连续，长 200 km，宽约 50 km，强度 40 ～ 100 nT，主要与构造—岩浆热液磁蚀变矿化带有关。南带为都庞岭—阳明山—上堡构造—岩浆隆起带，局部异常断续分布，强度一般 20 ～ 100 nT。正负相伴的高强度磁异常与内生多金属矿床（化）有关。

d. 姑婆山—九嶷山磁异常带，走向东西，强度 –40 ～ 150 nT，引起异常的主要地质因素有构造—岩浆隆起带外接触磁蚀变带（矽卡岩、含磁黄铁矿碎屑岩等）、沉积变质磁铁矿等。

③香花岭—汝城磁异常带，走向北东东向，异常规模大，长 150 km，宽约 80 km，连续性好；异常正负相伴，强度高，梯度大，一般 –80 ～ 150 nT。主要与构造—岩浆热液磁蚀变矿化带有关，磁性岩类有矽卡岩、含磁黄铁矿化碎屑岩、碳酸盐岩、受变质磁赤铁矿等。省内有色多金属矿田（床）主要分布在该区。

④安仁—罗霄山串珠状磁异常集聚带，走向北东向，异常长 150 km，宽约 40 km，局部异常密集分布，强度一般 20 ～ 60 nT。主要与构造—岩浆热液磁蚀变矿化带有关，磁性岩类有茶陵式受变质赤磁铁矿、矽卡岩、含磁黄铁矿化碎屑岩、碳酸盐岩等。

⑤与断裂构造带有关的磁异常带一般多呈串珠状、不连续带状，不同极性异常的对接、斜接、突变、扭曲、转折等磁场变异。有磁异常显示的断裂带，如常德—靖县、安化—绥宁、连云山—都庞岭、衡山—永州、九岭山—丫江桥、汨罗—宁乡、锡矿山—郴州等断裂带。

⑥多数钨锡铅锌多金属矿床、沉积变质铁矿床均有明显的局部磁异常显示，如黄沙坪、水口山、七宝山、瑶岗仙、铜山岭、柿竹园、曹家坝等有色多金属矿床；祁东、江口、茶陵、大坪等沉积变质铁矿。

⑦航磁区域异常主要有 8 处：阳明山—水口山—茶陵、香花岭—千里山—诸广山、萌渚岭、锡矿山、连云山、岳阳—华容、通道—瓦屋塘—溆浦、沅陵等异常，这些区域局部异常一般强度 15 ～ 25 nT，规模大小不

等，多数与重力反映的深层岩浆活动带基本吻合，为蚀变磁性块体引起。

⑧航磁上延区域中深层磁异常以常德—安仁—桂东一线为界，将湖南分为北东、南西两个不同的磁场特征区，北东侧为正，南西侧为负，表明常德—安仁—桂东北西向转换断裂带的存在。

⑨中国大陆磁卫星 ΔT 异常在城步—萍乡一线之西北部为正，场值 2 ～ 4 nT；东南部为负，场值 -2 ～ -4 nT，表明扬子、华南两板块具有不同的磁场特征。两块体的分界在 0 值线附近。

2.3 地球化学背景

2.3.1 地球化学元素背景分布特征

湖南地处扬子、华南两大构造单元，地质构造复杂多样，受各种地质外力作用和原生地球化学元素背景制约，赋存于水系沉积物中的元素分布与分配极不均匀（表 2-2）。

表 2-2 湖南水系沉积物元素背景值、标准差表

元素	背景值		对数标准差	异常下限参考值	样品数（个）	元素	背景值		对数标准差	异常下限参考值	样品数（个）
	华南	湖南					华南	湖南			
Ag	77.3	66.99	1.54	70.07	52 292	Pb	31.7	25.56	1.57	28.70	54 565
As	9.35	13.99	1.83	17.64	54 735	Sb	0.94	1.62	2.01	5.64	53 225
Au	1.16	1.19	1.92	5.03	54 614	Sn	4.28	3.54	1.52	6.57	51 275
B	46	67.54	1.62	70.78	54 986	Sr	45	48.91	1.57	52.06	54 985
Ba	331	397.37	1.58	400.53	53 874	Th	15.9	13.84	1.44	16.72	53 274

续 表

元素	背景值		对数标准差	异常下限参考值	样品数（个）	元素	背景值		对数标准差	异常下限参考值	样品数（个）
	华南	湖南					华南	湖南			
Be	2.1	2.01	1.50	5.01	53 218	Ti	4 407	4 357.24	1.48	4 360.20	55 632
Bi	0.45	0.42	1.45	3.32	51 294	U	3.49	3.06	1.34	5.75	51 537
Cd	167	203.89	1.80	207.48	52 331	V	74.7	84.91	1.65	88.20	54 893
Co	10.7	12.03	1.62	15.27	55 521	W	2.61	1.91	1.90	5.71	53 224
Cr	45.9	59.17	1.67	62.51	55 460	Y	27.7	24.94	1.31	27.56	54 702
Cu	18	24.73	1.56	27.85	55 119	Zn	70.7	75.00	1.46	77.91	54 441
F	428	525.50	1.47	528.44	54 419	Zr	353	289.36	1.33	292.02	54 420
Hg	76.9	80.24	1.81	83.86	54 043	Al_2O_3	12.8	12.83	1.27	15.36	55 490
La	43.1	39.97	1.35	42.68	55 059	CaO	0.32	0.48	2.84	6.15	54 655
Li	32.4	38.97	1.41	41.77	53 644	Fe_2O_3	4.21	4.40	1.43	7.25	55 576
Mn	551	652.40	1.72	655.84	54 816	K_2O	1.89	2.12	1.44	4.99	54 541
Mo	0.99	0.71	2.15	5.01	52 940	MgO	0.59	0.91	1.67	4.26	54 732
Nb	19.8	17.42	1.35	20.12	54 786	Na_2O	0.22	0.28	2.13	4.54	55 065
Ni	18.4	26.00	1.64	29.27	55 101	SiO_2	67.4	68.78	1.29	71.36	55 671
P	426	461.53	1.41	464.34	55 050						

注：Au、Ag、Hg 元素质量分级为 10^{-9}，其余元素为 10^{-6}。

（1）大致以岳阳—益阳—溆浦—中华山—城步一线为界，北西侧 W、Sn、Bi、U、Th、Zr、La、Nb 等元素以低及负背景为主，而南东侧则以高背景为主，它是一条以岩浆作用为标志的地球化学元素环境变更线。

（2）大致以常德—安仁—桂东一线为界，北东侧 As、Ba、B、Mo 等元素和 K_2O、Na_2O、SiO_2、Al_2O_3、Fe_2O_3、MgO、CaO 等氧化物以低及负背景为主，而西侧则以高背景为主。

（3）全省境内 Pb、Zn、Ag、Au、Sb、B 等元素显示区域性高背景，是有色金属、贵金属矿床富集的物质基础。Sb 明显形成“四区”“一带”富集趋势，“四区”即怀化—安化—益阳区、锡矿山—龙山区、牛头寨—四明山区、常宁—瑶岗仙区，“一带”即衡山—水口山—铜山岭带状分布区。Au 主要分布在四个带，即沅陵—益阳区、漠滨—龙山区、汨罗—平江—浏阳区、郴（县）桂（阳）地区。

（4）南岭中段北缘，特别是常宁—新田—蓝山—瑶岗仙一带，属 W、Sn、Bi、Mo、Cu、Pb、Zn、Au、Ag、Hg、Sb、F、Ni、Cr、Y、Zr、Nb、U、Fe_2O_3、Mn 等地球化学元素的高背景场，贫 SiO_2，是典型的有色金属、贵金属、稀有金属元素的集聚区，主要与该区强烈的中酸性岩浆热液多期次活动有关。多金属成矿元素异常分布与该区主体岩浆岩带走向一致，其中 W、Sn、Bi 主要分布在香花岭—柿竹园、九嶷山、都庞岭、大义山—阳明山、姑婆山、牛头寨等半隐伏花岗岩出露区，当伴有明显的 Cu、Pb、Zn、Ag、As、F 复合异常时，反映了已知和潜在锡钨铅锌多金属矿田（床）的分布。

（5）Cu、Fe、Mn、Cr、Co 在衡阳—浏阳一带形成特高背景场，显示该区冷家溪群富含火山沉积类基性物质，明显有别于其他类似地质区，Cr 元素在沃溪—桃江一带出现高背景。

（6）Ni、Mo、V、Ba 大致在长沙—衡阳—东安一线西北区明显富集，与南东侧贫 Ba 形成鲜明对比，它反映了前寒武纪扬子、华南地块两个完全不同的古地球化学沉积环境。

（7）MgO 大致在慈利—新晃一线以西显示特高背景场，而与其他地区呈现显著区别，反映扬子地块加里东以来稳定的地台型古沉积环境。

（8）湖南成矿元素与华南地区比较（表 2–2），Pb、Ag、W、Sn、Mo、Nb 的背景略低，而 Zn、Cd、Au、Sb、Hg、Cu、Ba、B、Ni、V、P 等元素则具较高的背景。多金属成矿元素的分布以半隐伏—隐伏花岗岩体为中心，大致有规律地出现 Nb、Be、W、Sn、Mo、Bi、Pb、Zn、Ag、Sb、Hg 等元素的带状分布，反映了区内岩浆热液系列矿床成矿温度变化，在成矿后期，可能因构造和 F、B 挥发组分的双重作用，Sb、Hg、F、B 等元素的主体异常带沿大义山—郴州—广东乳源呈北西向展布。

2.3.2 地层地球化学元素分布特征

由表 2–3 和表 2–4 可知：

（1）武陵—雪峰构造层中高于全省背景值的有 Au、Ag、Hg、Sb、Zn、Cd、Ba、Y、Mn、P、Ti、V，表明较富含有色、贵金属元素。其中冷家溪群 Au 含量更高。

（2）加里东构造层中相对富集的元素有 Cu、Pb、Zn、Cd、Ba、Mo、Be、F、Hg、Ni、Co、V、P，其中寒武系尤为富集。

（3）海西构造层中相对高背景的元素有 Au、Hg、Sb、As、Ag、Cu、Pb、Zn、Cd、W、Sn、Mo、Bi、U、Cr、Ni、Co、Ti、V、Mn，其中石炭系中 Au、Hg、As、Sb、Pb、Zn、W、Sn、Bi 明显富足。

（4）印支构造层中各元素除 Ag、Cd、Sn、Mo、Bi、Li、Be 略高于全省地层平均值外，一般均属低背景。

表 2-3　湖南省地层元素几何平均值统计表（水系沉积物样品）

时代	Au	Ag	Hg	As	Sb	Cu	Pb	Zn	Cd	Ba	Sr	W	Sn	Mo	Bi	Li	Be	B	F	Nb
	$\times 10^{-9}$			$\times 10^{-6}$																
第四系	1.61	78	83	14.9	1.8	29.3	28	84	197	493	72	2.08	3.78	0.78	0.48	45.6	2.24	74.1	566	19.8
第三系	1.06	65	54	13.5	1.4	20.1	28	60	144	349	63	2.42	5.13	0.64	0.49	47.4	1.84	64.8	434	16.4
白垩系	1.07	76	56	13.2	1.6	21.4	17.7	55	177	354	51	1.58	3.11	0.53	0.41	37.6	1.57	63.2	435	14.3
侏罗系	1.06	73	98	11.4	1.4	23.5	27.9	80	215	423	50	1.94	4.06	0.72	0.46	39.3	2.21	57.9	489	19.5
三叠系	1.09	65	83	15.9	1.7	27.2	23.8	80	385	342	75	1.78	3.45	1.02	0.46	43.9	2.2	80.3	717	18.6
二叠系	1.44	80	102	17.3	2.5	29.6	26.5	91	533	309	68	2.18	4.07	1.89	0.52	41.5	2.03	63.6	643	18.2
石炭系	1.53	75	126	22	3.5	27.9	29.7	90	341	253	56	2.78	5.07	1.45	0.53	43	1.92	82	652	18.7
泥盆系	1.41	70	120	16.8	2.6	26.7	29.3	84	230	308	49	2.6	4.76	0.81	0.49	39.2	1.92	77.8	577	18.4
志留系	0.86	56	66	10.8	1.4	26	23.9	82	196	524	52	1.55	3.23	0.48	0.45	36.7	2.39	70.3	575	17.5
奥陶系	1.24	64	78	11.9	1.6	28.1	26.1	81	233	462	36	1.92	3.8	0.72	0.44	34.7	2.21	65.2	523	18.5
寒武系	1.21	113	115	17.6	2.1	31.5	30	92	431	671	44	1.68	3.7	1.85	0.45	39.9	2.22	70.9	654	17.3
震旦系	1.22	83.1	84.6	12	1.57	23.8	20.4	72.4	200	637	38.9	1.42	2.87	0.93	0.31	27.3	1.79	59	411.16	15.99
板溪群	1.13	64.3	85.8	10.7	2.06	21.3	21.6	76.1	196	619	46.3	1.26	3.04	0.59	0.32	32.4	1.93	59.6	449.3	17.47
冷家溪群	1.62	54.2	76.4	15.5	1.73	31.6	28.8	86.5	148	395	35	2.94	3.89	0.48	0.47	45	2.08	85.8	496.11	17.28
地层平均值	1.24	67.2	83.6	14.4	1.75	25.8	24.1	74.8	210.9	398.8	49	1.83	3.44	0.73	0.4	37.9	1.937	71	523.55	17.24

表 2-4　湖南省不同时代地层构造层水系沉积物元素平均值统计表

不同时代地层构造层	Au	Ag	Hg	As	Sb	Cu	Pb	Zn	Cd	Ba	Sr	W	Sn	Mo	Bi	Li	Be	B	F	Nb
	$\times10^{-9}$			$\times10^{-6}$																
喜山构造层	1.34	71.50	68.50	14.20	1.60	24.70	28.00	72.00	170.50	421.00	67.50	2.25	4.46	0.71	0.49	46.50	2.04	69.45	500.00	18.10
燕山构造层	1.07	74.50	77.00	12.30	1.50	22.45	22.80	67.50	196.00	388.50	50.50	1.76	3.59	0.63	0.44	38.45	1.89	60.55	462.00	16.90
印支构造层	1.09	65	83	15.9	1.7	27.2	23.8	80	385	342	75	1.78	3.45	1.02	0.46	43.9	2.2	80.3	717	18.6
海西构造层	1.46	75.00	116.00	18.70	2.87	28.07	28.50	88.33	368.00	290.00	57.67	2.52	4.63	1.38	0.51	41.23	1.96	74.47	624.00	18.43
加里东构造层	1.10	77.67	86.33	13.43	1.70	28.53	26.67	85.00	286.67	552.33	44.00	1.72	3.58	1.02	0.45	37.10	2.27	68.80	584.00	17.77
武陵 / 雪峰构造层	1.34	83.00	90.00	13.00	1.90	25.80	22.95	81.00	236.00	590.00	41.00	1.83	3.34	0.69	0.39	33.70	1.91	64.85	457.50	16.55

2.3.3 花岗岩的地球化学元素分布特征

1. 元素含量特征

从不同时代花岗岩元素背景平均值统计结果（表2-5、表2-6）可知，花岗岩元素背景平均值显著高于全省平均值的有W、Sn、Bi、Li、Be、Pb、U、Th等，明显低于全省平均值的有Hg、Sb、Cr、Ni、Co、V、Mn、P等。

表 2-5　湖南省不同时代花岗岩水系沉积物元素几何平均值表一

时代	Au	Ag	Hg	As	Sb	Cu	Pb	Zn	Cd	Ba	Sr	W	Sn	Mo	Bi	Li	Be	B	F	Nb
	$\times 10^{-9}$			$\times 10^{-6}$																
白垩世	0.985	57.309	50.876	5.922	0.653	12.23	43.553	72.266	94.584	421.12	87.954	2.408	8.479	0.43	0.902	81.527	4.89	28.084	598.373	18.2
侏罗世	0.809	62.012	50.981	8.191	0.603	12.603	45.251	73.003	118.131	354.354	43.426	4.314	12.176	0.582	1.207	68.006	4.747	25.24	541.955	22.67
三叠世	0.89	58.268	48.521	11.429	0.835	19.618	37.704	75.795	125.534	403.376	52.844	4.73	10.257	0.47	1.246	72.886	4.271	65.799	555.811	19.36
志留世	0.901	59.36	45.072	13.092	0.573	17.49	38.519	63.96	151.457	459.654	44.334	4.124	7.139	0.432	0.784	48.132	3.292	35.928	410.252	19.33
寒武世	1.149	54.166	72.593	11.849	1.277	22.956	26.84	81.098	96.926	348.928	32.695	2.636	4.009	0.336	0.483	47.97	1.935	76.404	519.416	14.74
震旦世	0.909	50.506	52.939	11.451	1.22	23.999	28.884	81.274	107.304	355.827	31.597	3.225	4.596	0.31	0.421	45.872	1.901	75.074	491.665	14.53
板溪群	7.46	85.48	124.38	18.29	6.28	23.69	24.453	83.131	298.951	654.348	49.287	3.693	3.64	1.028	0.39	34.932	2.064	66.075	473.914	18.13
花岗岩平均值	0.869	59.605	48.778	10.337	0.665	16.003	40.347	71.324	127.156	395.796	49.283	4.182	9.597	0.476	1.055	63.788	4.078	40.073	510.214	20.19

表 2-6 湖南省不同时代花岗岩水系沉积物元素、几何平均值表二

时代	Y	La	U	Th	Cr	Ni	Co	Ti	V	Zr	Mn	P	K_2O	Na_2O	CaO	MgO	Fe_2O_3	Al_2O_3	SiO_2
	$\times10^{-6}$												$\times10^{-2}$						
白垩世	17.319	48.728	4.34	21.501	27.701	11.793	4.524	2 799.426	39.941	179.938	307.811	396.839	4.107	1.25	0.525	0.473	2.808	17.157	65.743
侏罗世	26.584	52.09	6.869	31.403	20.648	13.621	5.116	2 636.916	38.246	253.27	327.403	338.089	3.663	0.882	0.361	0.494	3.037	16.307	66.061
三叠世	25.796	46.151	6.719	31.297	31.637	16.621	9.045	3 323.035	56.806	352.082	521.763	417.684	3.995	0.742	0.433	0.79	3.897	17.208	64.018
志留世	29.98	42.945	6.1	26.188	29.084	16.139	8.214	3 389.258	52.365	438.645	484.011	405.73	4.152	0.354	0.273	0.712	3.849	16.863	65.61
寒武世	25.415	50.065	3.024	17.862	74.813	24.548	12.131	4 393.994	78.464	298.492	630.578	422.75	2.361	0.387	0.372	1.056	4.543	15.754	68.672
震旦世	27.466	45.301	3.033	16.839	63.504	23.37	11.833	4 449.343	91.08	277.905	592.823	416.223	2.818	0.41	0.293	0.958	4.829	15.857	68.255
板溪群	28.98	44.00	2.86	13.77	59.48	23.11	12.50	4 716.32	81.67	335.53	803.08	478.43	2.36	0.49	0.35	0.86	4.28	13.74	71.56
花岗岩平均值	26.82	47.008	6.388	29.447	27.171	15.043	7.143	3 042.229	47.879	338.443	443.943	396.791	4.096	0.641	0.357	0.626	3.492	16.699	65.395

不同岩性花岗岩元素背景含量有别：酸性花岗岩类 W、Sn、Bi、Mo、Pb（Zn）、Be、Li、B、Nb、Ta、Rb、U、Th、Y、La 等含量相对较高，相对贫基性组分 Ni、Co、V、Fe、Ti 和 Cu、Au、Sr；中酸性花岗闪长岩类 Mo（Sn、W）、Cu、Pb、Zn、Au、Ag、F、Ti、Ni、Co、V、Sr 等含量相对较高，相对缺 Be、Sn、Bi、Li、B、Y、La、Rb、Sr、U、Th。

按岩体成岩时代比较，武陵、雪峰期富含 Ag、Pb、Cu、Zn、B、F、Cr、Ni、Co、Ti、V、Fe_2O_3、SiO_2，加里东期 Au、Hg、As、Cd、Ba、Y、Zr、Mn、P、K_2O、MgO 背景较高，印支期 W、Sn 具高含量，燕山早期富 Pb、Zn、Mo、Nb、La、U、Th，燕山晚期富含 Li、Be、Sr。从花岗岩的地球化学演化特征看，自武陵、雪峰期演化至燕山期，亲基性元素 Cr、Ni、Co、Ti、P、Fe_2O_3、Mn、Sb、Cu、Zn、Ag 等的含量呈现由高到低的变化，而亲石元素 W、Sn、Mo、Bi、Li、Be、Nb、La、U、Th 等呈现由低到高的变化。

陆壳改造型（S 型）和同熔型（I 型）两种类型的花岗岩岩体，主要成矿元素的富缺情况不同。陆壳改造型相对富 W、Sn、Bi、Mo、Pb（Zn）、Be、Li、B、Nb、Ta、Rb、U、Th、Y、La，相对缺 Ni、Co、V、Cu、Au、Fe、Ti、Sr；同熔型相对富 Mo（Sn、W）、Cu、Pb、Zn、Au、Ag、F、Ti、Ni、Co、V、Sr，相对缺 Be、Sn、Bi、Li、B、Y、La、Rb、Sr、U、Th。

2. 花岗岩微量元素相关性

为了解微量元素在花岗岩中的行为特点，选择 Ag、As、Au、B、Ba、Be、Bi、Cd、Co、Cr、Cu、F、Hg、La、Li、Mn、Mo、Nb、Ni、Pb、Sb、Sn、Th、Ti、U、V、W、Zn、Zr、Y 等 30 个元素和 K_2O 氧化物为变量，进行了 R 型聚类分析，研究花岗岩内微量元素的相关关系（图 2-1、表 2-7）。

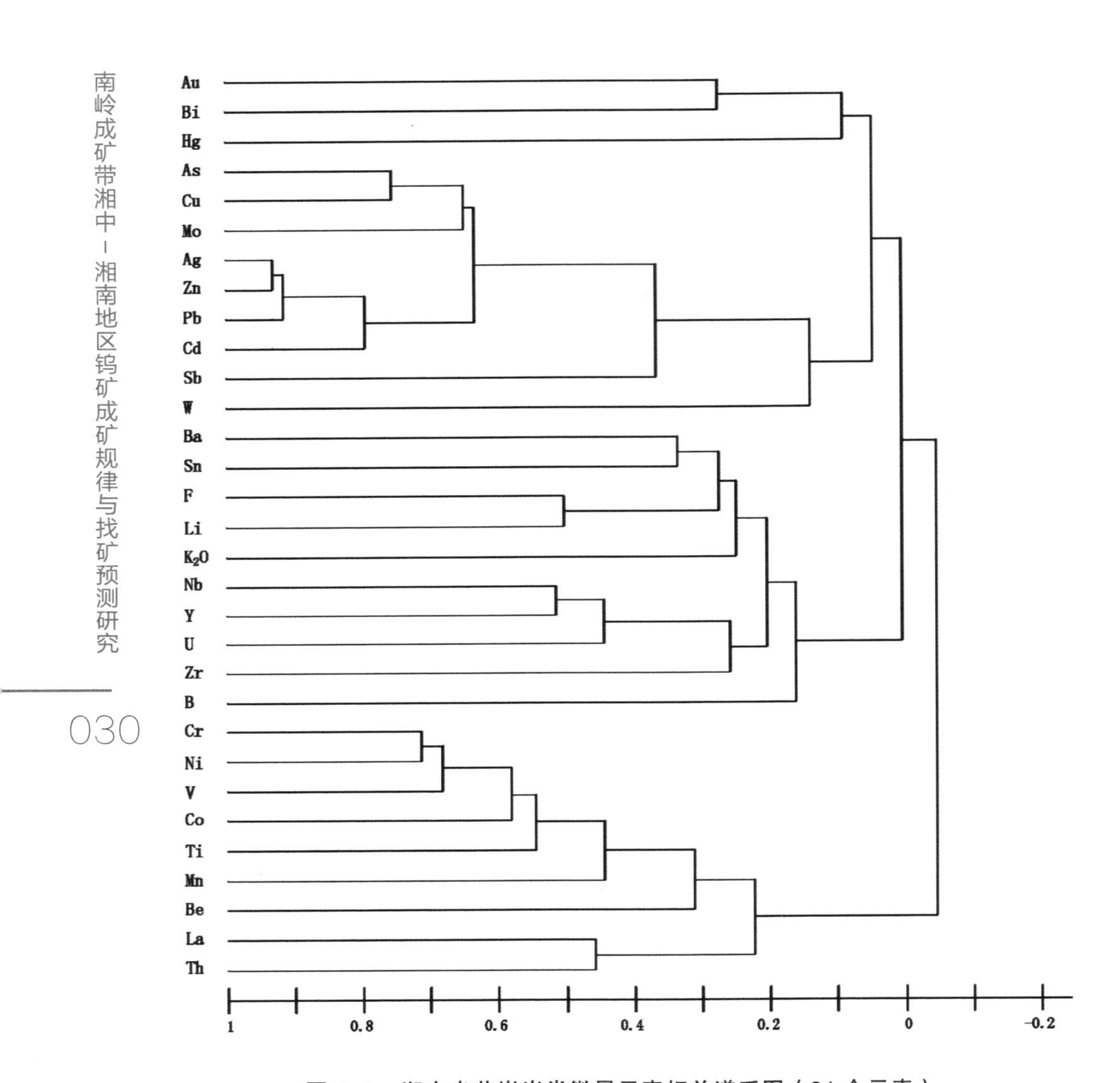

图 2-1　湖南省花岗岩类微量元素相关谱系图（31 个元素）

表 2-7　湖南省花岗岩水系沉积物元素相关系数表（31 个元素）

	Ag	As	Au	B	Ba	Be	Bi	Cd	Co	Cr	Cu	F	Hg	La	Li	Mn	Mo	Nb	Ni	Pb	Sb	Sn	Th	Ti	U	V	W	Y	Zn	Zr	K_2O
Ag	1																														
As	0.63	1																													
Au	0.05	0.07	1																												
B	0.01	0.06	0.01	1																											
Ba	0	-0.1	0.01	-0.2	1																										
Be	0.06	0.08	0.03	0.16	-0.4	1																									
Bi	0.21	0.22	0.27	0.07	-0.1	0.23	1																								
Cd	0.8	0.42	0.03	0.02	0	0.03	0.14	1																							
Co	0	0.04	0.05	0.02	0.31	-0.2	0.02	0.01	1																						
Cr	0	0	0.08	-0.1	0.29	-0.3	0	0	0.58	1																					
Cu	0.62	0.76	0.05	0.02	0	0.06	0.25	0.39	0.13	0.12	1																				
F	0.06	0.15	0.02	0.24	-0.1	0.27	0.17	0.04	0	-0.1	0.09	1																			
Hg	0.03	0.02	0.09	0	0	-0.1	0	0.02	0.03	0.1	0.02	0	1																		
La	0	0	0	-0.2	0.22	-0.1	-0.1	0	0	-0.1	0	-0.1	0	1																	
Li	0.04	0.06	0	0.5	-0.4	0.49	0.14	0.03	-0.2	-0.3	0.03	0.5	0	-0.1	1																

续 表

	Ag	As	Au	B	Ba	Be	Bi	Cd	Co	Cr	Cu	F	Hg	La	Li	Mn	Mo	Nb	Ni	Pb	Sb	Sn	Th	Ti	U	V	W	Y	Zn	Zr	K_2O
Mn	0.11	0.22	0.09	0.1	0.1	0.04	0.13	0.05	0.44	0.3	0.19	0.07	0.02	0	0.01	1															
Mo	0.21	0.65	0.06	0	0.03	0.04	0.2	0.1	0.01	0.01	0.48	0.09	0.07	0	0	0.14	1														
Nb	0.02	0.03	0	−0.1	−0.2	0.21	0.04	0.02	−0.1	−0.2	0	0.09	0.06	0.1	0.09	0.05	0.18	1													
Ni	0.02	0.04	0.08	−0.1	0.25	−0.2	0.01	0.02	0.53	0.71	0.15	0	0.1	−0.1	−0.2	0.36	0.11	0	1												
Pb	0.92	0.48	0.04	0	0	0.04	0.14	0.77	0	0	0.41	0.07	0.03	0.01	0.02	0.09	0.08	0.03	0	1											
Sb	0.37	0.59	0.09	0.07	0	0.03	0.22	0.22	0.1	0.13	0.59	0.13	0.06	−0.1	0.04	0.23	0.42	0	0.12	0.27	1										
Sn	0.17	0.29	0.01	0.13	−0.3	0.34	0.24	0.07	−0.1	−0.2	0.32	0.23	0.02	−0.1	0.32	0.12	0.26	0.19	0	0.1	0.23	1									
Th	0	0	0	−0.2	−0.1	0.11	0	0	−0.1	−0.2	−0.1	0.02	0	0.46	0.02	0	0.05	0.41	−0.1	0.05	−0.1	0.06	1								
Ti	0	0	0.01	−0.2	0.42	−0.3	−0.1	0	0.55	0.47	0.04	−0.1	0.08	0.2	−0.4	0.41	0.04	0.06	0.41	0	0	−0.2	0.03	1							
U	0.04	0.04	0	0.07	−0.3	0.3	0.12	0.03	−0.1	−0.4	0	0.12	0.02	0.08	0.19	0	0.12	0.45	−0.2	0.07	0	0.21	0.45	−0.1	1						
V	0	0.02	0.04	−0.1	0.44	−0.3	0	0	0.68	0.68	0.14	−0.1	0.08	0.02	−0.3	0.4	0.11	−0.1	0.6	−0.1	0.12	−0.2	−0.1	0.66	−0.2	1					
W	0.14	0.35	0.08	0.11	−0.1	0.15	0.17	0.05	0	0	0.37	0.2	0	−0.1	0.17	0.12	0.33	0.09	0.02	0.04	0.28	0.31	0	−0.1	0.08	0	1				
Y	0.04	0.03	0	−0.1	−0.2	0.13	0.02	0.05	−0.1	−0.3	−0.1	0.03	0.02	0.25	0	0.14	0.13	0.51	0	0.04	0	0.16	0.42	0.09	0.41	−0.1	0.05	1			
Zn	0.93	0.6	0.03	0.01	0.04	0.03	0.12	0.78	0.07	0.02	0.57	0.08	0.03	0.04	0.05	0.13	0.22	0.03	0.07	0.9	0.33	0.13	0.02	0.06	0.02	0.06	0.11	0.04	1		
Zr	0	0	0.01	−0.1	0.21	−0.1	0	0	0.25	0.07	0	−0.1	0	0.22	−0.2	0.19	0.02	0.26	0.15	0	−0.1	−0.1	0.32	0.42	0.27	0.26	0	0.39	0	1	
K_2O	0	−0.1	−0.1	0.05	−0.2	0.25	0	0	−0.5	−0.6	−0.1	0.03	−0.1	0.06	0.24	−0.3	−0.1	0.13	−0.5	0.03	−0.1	0.07	0.2	−0.4	0.3	−0.6	0	0.18	−0.1	0	1

（1）在 0.25 相关水平上，31 种元素可分为 6 群，第一群为 Au、Bi 群，第二群为 As、Cu、Mo、Ag、Zn、Pb、Cd、Sb 群，第三群为 Be、Sn、F、Li 群，第四群为 Nb、Y、U、Zr 群，第五群为 Cr、Ni、Co、Ti、Mn、Ba，第六群为 La、Th 群，Hg、W、B 元素无明显分群。

（2）Sn 与 Be、Li、Cu、As、Mo 相关性较好，与 W 有一定相关性，相关系数 0.3。在成岩阶段主要富集于黑云母，因与 Li、Be 关系密切，在成岩晚期则富集于富含挥发分的自交代作用阶段，Sn 与基性组分 Ni、Cr、Co 呈负相关，互不兼容。

（3）W 与 Cu、As、Mo、Sn、Sb 有一定相关性，与 Cu、Mo 地球化学性质相近，以类质同象形式赋存于花岗岩类的某些造岩矿物中，成岩阶段 W 主要富集于白云母和锂云母中。

（4）Ag、Zn、Pb、Cd 与 As、Cu、Mo 组成大群，而只与 As、Cu、Mo、Ag 相关，它们都独立于成岩阶段，属岩浆期后叠加的产物。

（5）Y、Nb、U、Th、La 与基性组分 Ni、Cr、Co 呈负相关，表明它们在成岩期呈不相融的趋向。

3. **花岗岩分群（类）**

无论是 Q 型聚类分析或是 R 型分析，各元素分析数据均未进行标准化和正规化处理。由于各元素数据的单位、量级和数值变动范围的差异较大，在数据计算中突出了那些绝对值较大的变量，处理结果仅供参考。

以湖南省境内 81 处花岗岩体为样本，以 Ag、As、Au、B、Ba、Be、Bi、Cd、Co、Cr、Cu、F、Hg、La、Li、Mn、Mo、Nb、Ni、Pb、Sb、Sn、Th、Ti、U、V、W、Zn、Zr、Y 等 30 个元素和 K_2O 氧化物为变量，采用 Q 型分析数字分类方法，用距离系数作相似度量，定量地确定各岩体之间的亲疏程度，从而对岩体进行成因分类，结果如图 2-2 所示。

结果表明，虽然各个岩体间有分群趋向，但是很难确定一个相似标准，主要是一些小岩体样本数量太少，不具代表性，或者由于地表矿化及采矿带来的污染，数据受到影响。如黄沙坪、水口山、瑶岗仙、川口、铜山岭、香花岭、宝山、千里山、上堡、七宝山等矿区内的岩体样本数据用于参与数据分析，似有离群趋势，但仍可参考使用，但难以准确进行成因分类。其中七宝山岩体样本数据离群最明显。瑶岗仙和宝山两岩体密切相关，相关系数达 0.97，按传统的花岗岩岩体成因分类，它们不属同一个成因类型，但却表明瑶岗仙岩体可能存在与宝山岩体相同的物质组分，预示这类岩体不但是钨矿的成矿母岩，而且具有铅锌金银的成矿前景。与同熔型相似的岩体有水口山与金狮冲、铜山岭与黄沙坪，成为一类分两群，较为合理。香花岭与大义山、千里山与上堡同阳明山、土坳为一群，相关系数均大于 0.9，属重熔型相似的岩体。大义山岩体很特别，与千里山、上堡岩体相关系数大于 0.7，与姑婆山、大东山、都庞岭、锡田岩体的相关系数大于 0.6，这些都与钨锡等含矿酸性花岗岩密切相关。

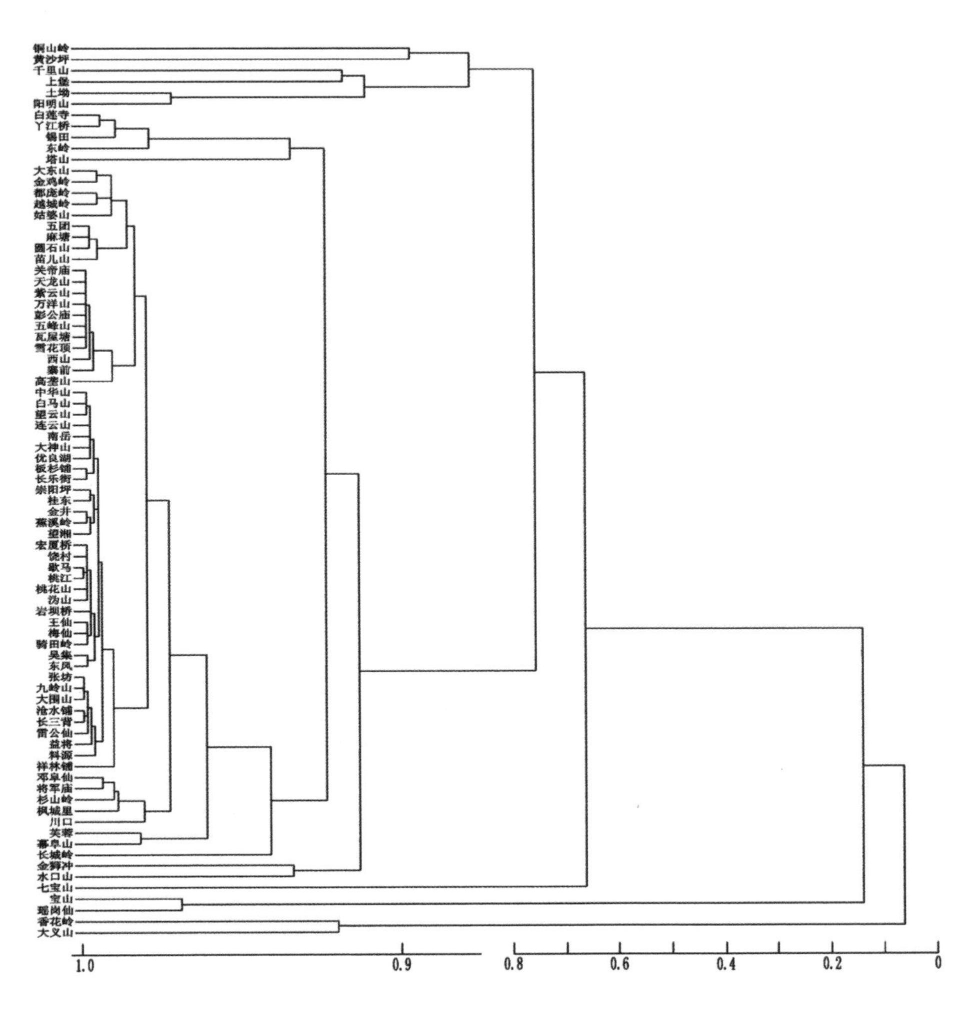

图 2-2 湖南省花岗岩类岩体分群谱系图（Q 型）

4. 花岗岩含矿性和成矿专属性

（1）以往地学工作者运用多种方法、单一或多种参数评价花岗岩的含矿性，如以岩浆岩中 SiO_2 的含量为准则，即酸基性程度来研究评价花岗岩的含矿性，就是其中的一种。贫基性组分的陆壳改造型（S 型）酸性花岗岩，为 Sn、W、Be、Nb、Ta、U、Th、稀有、稀土成矿岩体；SiO_2 含量的降低，偏酸性—中酸性 I 型花岗岩为 Pb、Zn、Au、Ag、Cu、W、

Mo 的成矿岩体。含矿岩体 SiO_2 含量在 47% ～ 76% 之间，变化范围太大，指示意义较差。南京大学地质系总结了华南同熔型花岗岩的成矿专属性，研究了花岗岩的地球化学碱质指标和同位素比值指标，其对铁铜钨矿有一定指示意义。

（2）水系沉积物地球化学只能从宏观上分析花岗岩的含矿性，花岗岩类岩体的成矿元素丰度、成岩时代和分异演化程度决定岩体的含矿性。一般情况下，岩体成矿元素本身的丰度是判断岩体含矿性的最好指标。普遍较高的成矿元素丰度是成矿的物质基础。

（3）水系沉积物中 Li、Be、Nb、Y、U、Th、K_2O、Na_2O 多元地球化学累加衬值大于等于 11.3 时，反映了花岗岩类岩体地表分布，当累加衬值大于等于 21 或 U、Th、Zr、La、Nb 累加衬值大于等于 8.1 时，指示了稀有、稀土及 U、Th 含矿岩体分布。

（4）不同的多金属矿化与成岩时代有密切关系。钨锡多金属矿化与燕山期花岗岩有关，尤以中侏罗世的花岗岩成矿作用最好，如香花岭、骑田岭岩体南部、大义山、王仙岭、千里山、瑶岗仙、九嶷山、大东山、姑婆山、越城岭、都庞岭、汝城、锡田、邓阜仙、川口、白莲寺、九峰山、望湘岩体影珠山北东带等岩体，集中分布在常德—安仁转换断裂带与桃江—城步壳下岩石圈板块俯冲碰撞断裂带交汇处的南部华南微板块中。扬子板块尽管也有大量中侏罗世的花岗岩分布，但基本上是不含矿的，如板江、长乐街、岑川、小黑山中侏罗世的花岗岩。晚三叠世花岗岩锡矿化较弱，尚未发现大规模矿化，有明显 Sn 异常显示的阳明山、王仙岭、五峰仙、沩山岩体西南部，应有较强的锡矿化。钨矿化与锡矿化基本一致，在常德—安仁转换断裂带中，除沩山岩体外，单个岩体的东南侧均出现 W 异常，矿化时代具有不确定性。成岩时代延续较长的岩体，表明多期次成矿作用更具较强的锡钨矿化，如发育于中、晚侏罗世的千里山、大义山岩体，发育于晚三叠—晚侏罗世的锡田、邓阜仙的岩体。加里东末期志留世岩体似乎是不含矿的，如桂东、万洋山等岩体。

铅锌金银多金属矿化也主要与中侏罗世的花岗岩成矿作用密切相关，如黄沙坪、水口山、宝山、大坊、铜山岭等岩体。

晚侏罗世及其他时代的花岗岩成矿作用微弱或者无矿化。

第 3 章　已有地学数据二次处理及找矿信息提取

充分利用1 ：20万化探、重力、航磁和矿产地质资料，创建以隐伏—半隐伏中酸性、酸性岩浆岩基（群、带）—“重低磁高”或重磁变异带为中心的构造岩浆系列矿床成矿及找矿模式，作为新一轮矿产预测和勘查区块优选的主线。

以重磁异常圈定的隐伏—半隐伏岩体为依据，用神经网络、因子分析等方法识别成矿岩体，详细研究成矿构造地球物理、地球化学环境，以Sn、W、Pb、Zn、Cu、Ag、Au、Sb等组合异常为直接找矿标志，以相关多元素组合异常及磁异常为间接找矿信息，以成矿地质条件为基础，提取和捕捉与预测目标矿种相关的有用信息标志，根据最新地质矿产成果和新的成矿理论，进行矿带、矿田（矿床）综合信息模式类比，预测目标矿种的矿产资源集聚区，划分成矿有利地段。

对研究区区域地球化学、区域重力数据进行处理，以提取与找矿预测有关的有用信息标志，数据处理方法及综合信息提取目标如表3-1所示。

表3-1　数据处理方法及综合信息提取目标简表

地学空间信息类别	处理方法	作用及目标物信息提取
区域地球化学数据处理	因子分析 趋势分析 神经网络 单元素地球化学图 累加地球化学图 二维分形分维	研究元素共生组合和成因联系 合理划分背景和异常，研究元素富集趋势 对复杂地质现象进行目标识别和预测 研究元素分布规律 简化变量，强化弱异常 划分异常
区域重磁数据处理	异常分离与滤波 异常导数计算： 四方位（南北、北东、东西、南东）方向导数 垂向二阶导数	划分不同深度层次、不同等级规模地质体异常 划分东西、北西、南北、北东向断裂 圈定半隐伏—隐伏花岗岩体

3.1 地球化学数据处理分析及找矿信息提取

地球化学数据处理分析的目的是提取与找矿有关的有用信息，使复杂枯燥的数据变成可识别的地质地球化学语言。

3.1.1 多元统计分析

1. 因子分析

为了从大量的数据中，在不同元素间相互关系复杂的情况下，寻找影响它们的共同因素和特殊因素，通过因子分析方法，将许多彼此间具有错综复杂关系的地质现象归纳为数量较少的一些因子，每个因子代表着地质变量间的一种基本结合关系，它反映了地质现象的某种内在联系，从而能够指示出某种地质上的共生组合和成因联系，解决成矿预测和靶区筛选中的相关地质问题。

2. 趋势分析

为了解主成矿元素的富集规律和富集趋势，对 Sn、W、Pb、Zn、Au 等元素进行了趋势分析，编制趋势分析地球化学图。

3. 神经网络预测分析

神经网络技术引入地质地球化学数据处理，对大多数地质人员来说还不是很熟悉。T. Kohonen 对人工神经网络的定义如下：“人工神经网络是由具有适应性的简单单元组成的广泛并行互连的网络，它的组织能够模拟生物神经系统对真实世界物体所作出的交互反应。”具有脑神经信息活动的特征。

人工神经网络是一个互相连接而形成的大的复杂网络系统。它是人脑神经系统的某种简化、抽象和模拟，具有人脑功能的许多基本特性，可对外界信息进行加工、处理、联想记忆、分类识别和存储等。

神经网络数据处理分析，不要求数据信息服从某种统计分布规律，允许样品有较大缺损、畸变，可处理地质信息十分复杂、背景知识不清、推理规则不明确的问题。其目前还没有可供识别的典型模式类型，仍处于应用研究的探索阶段。

为了解大量离散数据元素间的非线性关系，采用 BP 神经网络法进行多对一的拟合，编制了神经网络模式识别图，用于矿产资源的分析预测。

4. 普通聚类分析

采用相关系数法分别对 39 个和 22 个元素、化合物进行聚类分析，编制了聚类分析谱系图，用于研究表生条件下元素间相关关系及组合规律。

3.1.2 地球化学异常分析

1. 异常下限及特征值

采用四种方法计算了 39 个元素、化合物的平均值、标准差和异常下限，选用对数正态分布处理较为合理。不同地质子区，元素的异常下限取值不同。

2. 单变量地球化学数据处理

通过对地球化学数据进行常规处理，用地球化学色区图式反映全省各元素地球化学起伏变化、分布规律。

3. 多变量地球化学叠加异常

为了压制强异常，增强弱信息，减少变量和成图工作量，将一组可能反映某个地质因素或地球化学目标的相近或相似的多个元素进行累加或累乘处理，编制了多元素累加衬值地球化学图。

3.2 重力数据处理及找矿信息提取

主要是提取隐伏岩体及隐伏控矿构造信息。

3.2.1 重力异常分离与滤波

区域重力调查所获得的重力异常是由地球内部各种地质因素引起的叠加异常，为了从叠加异常中划分出与勘查目标有关的异常，即提取隐伏岩体及隐伏控矿构造信息，必须对不同规模地质体引起的重力异常进行分离与滤波。本书分离位场的滤波方法采用补偿圆滑滤波和正则化滤波。

1. 补偿圆滑滤波

应用补偿圆滑滤波编制了湖南省补偿圆滑滤波布格重力异常图 3 张，编制全省首张最新 1 ： 100 万湖南省布格重力异常图 1 张，主要成矿区、带重力精度达 1 ： 20 万要求，异常等值线间距 2×10^{-5} m/s^2。

2. 正则化滤波

为了研究不同深度层次、不同等级规模的地壳重力异常特征，在水平尺度 D=4 km、8 km、16 km、20 km、32 km、40 km、64 km、80 km、100 km、128 km、140 km、160 km、180 km、200 km、240 km、256 km（16 个层次）的平面上求取重力异常，其中 32 km、64 km、80 km、128 km、160 km、240 km 水平尺度重力异常，用于研究基底和上、中、下地壳及莫霍面起伏形态。小尺度重力异常用于位场转换中隐伏花岗岩体和隐伏构造信息的提取及划分。

3. 向上延拓

向上延拓的主要目的是分离局部场和区域场，提取局部重力异常，分别作了 8 km、16 km、32 km 向上延拓，有助于线性构造异常的研究。

3.2.2 重力垂向二阶导数异常

为了研究不同形状地质体的不同特征，突出浅部地质因素，压制区域性深部地质因素的影响，划分不同深度、不同大小规模的地质体产生的叠加异常，在水平尺度 D=10 km、20 km、30 km、40 km、50 km、80 km、100 km 和 4 km、8 km、16 km、32 km、64 km、128 km、256 km 等 7 个平面上分别计算了垂向二阶导数异常，分别编制了各水平尺度的垂向二阶导数异常图。

从现有资料分析，水平尺度 D=10 km、20 km、40 km、64 km、80 km 和 100 km 时，效果较好，大致能够反映浅（< 3 km）、中（6 ～ 8 km）、深（10 ～ 17 km）3 个层次深度，不同等级、不同规模地质结构情况。根据经验估算，各水平尺度大体相当深度为 1.5 km、3 km、6 ～ 7 km、9 ～ 10 km、11 ～ 13 km 和 14 ～ 17 km。据此定性研究半隐伏—隐伏花岗岩体的空间分布形态、产状、规模、连接关系和分布规律，这是用以研究隐伏花岗岩体与矿产分布关系的基础，也是本书开展找矿预测取得预期效果的关键所在。

在水平尺度 D=4 km、8 km、16 km、32 km 4 个平面上计算了四方位（0°、45°、90°、135°）水平方向一阶导数异常，它们分别反映了东西、北西、南北和北东四个方向的线性构造特征，用来作为划分不同深度层次、不同等级规模隐伏断裂带的依据，进而研究隐伏断裂带与隐伏花岗岩体、矿带（田）、矿床之间的关系以及构造岩浆控矿规律。

第 4 章　物探化探异常与矿床分布的关系

4.1 重磁异常地质因素

地球物理异常具有多解性，要在复杂的异常中划分出与矿床有关的异常难度很大。不同方法所解决的矿产地质问题不同。

（1）区域重力调查主要解决间接找矿问题。在地球表面附近空间，一切物体都会受到重力的作用。使地面上重力加速度产生变化的因素很多，只有地面下岩石密度不均匀引起的重力加速度的变化，才与某些地质构造的变异或者矿产分布有关。因此，在湖南进行区域重力调查，主要可以解决如下地质问题：

①研究地壳深部构造。

②划分控岩控矿（深）断裂带。

③划分区域地质构造单元。

④圈定半隐伏、隐伏花岗岩体分布范围。

⑤研究沉积盆地基底起伏形态。

⑥圈定含煤盆地和膏盐盆地分布范围。

⑦进行矿产资源找矿预测，划分成矿远景区。

本书关注的是②、④、⑦项。根据重力资料提取的二次标志信息包括垂向二阶导数、水平方向一阶导数、剩余异常等，通过研究对比分析，将这些信息转换为地质语言。

研究成矿构造地球物理环境是矿产资源找矿预测重要环节。在地球物理条件较好的地区以重力资料为主，结合航磁、地球化学资料，可有效圈出与岩浆热液成矿作用有关的内生多金属矿田潜在资源远景区的范围，如坪宝、瑶岗仙、香花岭、铜山岭等，浅层垂向二阶导数异常反映了矿田潜在资源的可能分布区。

当前重力测量主要是研究控矿地质条件，它仍然是以间接找矿为主。

当探测目标矿（化）体与围岩有明显密度差，大比例尺高精度重力测量可直接圈定矿（化）体，如在衡阳红层盆地中利用高精度重力测量直接圈定隐伏岩盐矿层的空间分布，效果十分明显。

（2）航空磁测既可用于直接找矿，又可用于间接找矿，还可解决某些基础地质问题。在湖南通过数十年的检查验证，笔者认为引起磁异常的主要地质因素可概括为以下几类：

①矽卡岩型磁铁矿床（七宝山式、黄沙坪式等）、

②沉积变质铁矿床（江口式、祁东式）。

③含铁磁性矿物的内生多金属矿床（瑶岗仙钨矿、曹家坝钨矿、天字号铅锌矿、铜山岭银铅锌多金属矿、大坊金银铅锌多金属矿等）。

④含铁磁性矿物的中酸性岩类岩体（如水口山花岗闪长岩、上堡花岗岩等）。

⑤超基性—基性岩体（辉绿岩体、辉长岩体、钾镁煌斑岩等）。

⑥火山岩类岩体（玄武岩、安山岩、英安岩、流纹岩等）。

⑦含铁磁性矿物的区域变质岩和接触变质岩（板岩、角岩等）。

⑧含铁磁性矿物的蚀变构造破碎带或热液蚀变带。

七宝山硫铁铜多金属矿床是利用航空磁测找矿的第一个成功实例。

4.2 水系沉积物地球化学异常

水系沉积物地球化学异常形成的地质因素很多，在此只研究直接来自地表受剥蚀的矿体或浅埋藏矿体以及与成矿控矿有关的异常。

地球化学异常是直接指示矿床存在与否的最关键的指标。利用成矿元素、伴生元素以及与成矿作用有关的相关元素之间的相互组合变换，得到新的组合异常，可指示某些矿床的存在。不同元素组合反映了不同的矿化类型。湖南与成矿金属元素有关的区域地球化学异常，基本上在已知金属矿床（区）都有反映。

4.3　内生多金属矿田（床）与重磁异常的关系

（1）“重（力）低磁（力）高”是以钨锡为主的岩浆热液型多金属矿床的典型地球物理标志，往往位于局部重力负异常中。

（2）铅锌矿床多数分布在重（磁）力梯度带、局部正负重力异常之间及正负相伴异常或磁场跃变区或重磁变异带。

（3）锑金钨矿床多数分布在局部重力负异常零值线附近偏正值一侧或重磁正异常的边部。

（4）各种类型的金属矿床分布一般与重力梯级带有密切关系。

（5）区域磁异常反映的巨型磁性块体分布区，在区域正异常北部零值线附近是各类大型—超大型金属矿床的高度聚集区，如瑶岗仙—柿竹园—新田岭—宝山—黄沙坪—香花岭矿集区，水口山矿集区九嶷山—后江桥—铜山岭矿集区；锡矿山—龙山矿集区等。

（6）局部磁异常在江口—绥宁、祁东、江华码市及茶陵—攸县、汝城大坪一带，分别反映了江口式和茶陵式沉积变质铁矿的分布；七宝山、黄沙坪矽卡岩型磁铁矿床也有明显显示；前述③至⑧类异常均有不同程度的反映。

（7）不同深度层次、不同等级规模的垂向二阶导数重力负异常和航磁异常呈连续有规律的、方向明显的条带状、串珠状分布，反映了与岩浆热液型多金属矿床密切相关的构造岩浆（活动）岩带的展布走向。

（8）中浅层水平方向导数线性异常极值连线，反映了断裂构造带的位置，沃溪—锡矿山—大义山—郴州北西向水平导数异常及与北东向或东西向水平导数异常的交会部位，是湖南省主要大型—超大型多金属矿床（化）集聚区。

4.4 区域水系沉积物地球化学异常与矿床分布的关系

典型矿床区域地球化学标志特征及伴生元素如表 4-1 所示。

表 4-1 典型矿床区域地球化学标志特征及伴生元素对比简表

矿田名称	特征元素	伴生及相关元素
李梅—花垣铅锌矿田	Pb、Zn、Ag	Au、As、Sb、Bi（Cr、Ni、Co、Mo、Li、B）
湘西金矿床（田）	Au、Sb、W	As、Bi、Cr、Ni、Li、B、Mo
锡矿山锑矿田	Sb	As、Bi、Cr、Ni、Co、Li（Pb、Zn、Li）
水口山铅锌银金矿田	Pb、Zn、Ag、Au	As、Sb、Bi
坪宝铅锌矿田	Pb、Zn、Ag、Au	As、Sb、Bi、Sn、W、Cu、Ni
柿竹园—东坡多金属矿田	W、Sn、Bi、Mo、Pb、Zn、Ag	Au、As、Sb、Li
铜鼓塘铜矿床（田）	Cu、Ag	As、Sb、W、Bi、Cr、Ni
铜山岭铜铅锌银矿床	Pb、Zn、Cu、Ag	Sn、W、As、Sb、Bi、Cr、Ni、Co、Au
后江桥铅锌矿床	Pb、Zn、Ag	As、Sb、W、Sn、Bi、Hg

由表 4-1 可知，湖南主要有色金属、贵金属矿床成矿多与岩浆热液有关，因此岩浆热液系列矿床是勘查的主要矿床类型。

W、Sn、Bi 元素累加衬值异常反映了花岗岩体的分布，累加衬值大于 10 的局部异常，反映了成矿岩体和已知钨锡矿床的分布，以及潜在矿床存在的可能。

选取 W、Sn、Pb、Zn、Bi、Mo、Cu、Cd、Au、Ag、Sb、Hg、Ba、As、F、B、Mn、Ni、Co、SiO_2、CaO、Na_2O 等 22 个元素和氧化物，选取 W、

Bi、Mo、As、F、SiO_2 等 6 个元素和氧化物，分别对 W、Sn 两元素进行神经网络分析，发现神经网络异常与钨、锡矿床密切相关，同时指示了与相关矿床有成因联系的某些多金属矿化带的分布。

选取 Pb、Zn、Ag、Cd、As 等 5 个元素对 Zn 元素进行神经网络分析，同时选取 W、Sn、Pb、Zn、Bi、Mo、Cu、Cd、Au、Ag、Sb、Hg、Ba、As、F、B、Mn、Ni、Co、SiO_2、CaO、Na_2O 等 22 个元素和氧化物，对 Pb 元素进行神经网络分析，发现神经网络模式异常覆盖了所有多金属矿床，对尚未发现新矿床的类似地区，可试用神经网络模式进行识别。

通过对 Pb 元素进行的趋势分析，发现 Pb 的四次趋势剩余异常与铅锌多金属矿床（田）完全吻合，并指示了未知区同样也具备了铅锌多金属矿产资源远景的找矿潜力。

选取 Au、As、Sb、W、Ag 等 5 个元素对 Au 元素进行神经网络分析因子分析，所获得的 Au 元素神经网络异常和因子得分异常，反映了已知矿床的分布，同时指示了与 Au 元素有成因联系的热液矿床的分布。

As、Ba、B、Mo 元素作为热液矿床的矿上晕指示，不仅反映了已知和潜在矿床的可能分布，更直接显示了震旦系顶部寒武系底部多金属元素的分布富集趋势和矿化集聚块段。

Sb、Hg、As、F 元素为热液矿床的矿体前缘晕指示，四元素累加衬值异常反映了湖南全部多金属矿床的分布，尚未发现新矿床的异常区，可能预示隐伏多金属矿床的潜在资源的存在。串珠状、线状累加衬值异常轴线连线，反映了浅表部含矿控矿断裂带的大致分布，为研究热液矿床构造控矿规律指明了方向。

Cr、Ni、Co 铁族元素集聚有利于铜金多金属矿床的成矿。湘东浏阳连云山—衡东 Cr、Ni、Co 元素高度富集，是新发现的一个特殊的地球化学区，与该区 Cu、Au 异常完全吻合，分布于湘东最老的冷家溪群地层中，其是否存在与湖南其他地区不一样的更古老的结晶基底，值得探索。也可能是偏基性的古火山沉积物相对集中，预示该区具有铜金矿产潜在资源远景。除了七宝山、井冲两铜多金属矿床外，尚未发现新的铜矿床。应查明该区 Cu 元素异常地质因素，研究老地层中存在含铜层位的可能性。

常德—安仁转换断裂带两侧磁场特征不同，湘东北基底与赣北相同，又发育半隐伏—隐伏超浅层中酸性岩浆岩，应研究老地层中存在含铜层位的可能性和斑岩型铜矿的成矿地质条件。

第 5 章　隐伏岩体、构造及地层与矿床分布的关系

5.1　隐伏花岗岩带分布规律

中酸性、酸性岩浆岩是钨、铋、钼、铅、锌等多金属矿床的成矿母岩，也为层控矿床提供热源。在湖南特别是湘南地区，如果没有强烈的、大规模的、多期次岩浆活动，就不可能有如此丰富的内生多金属矿床的高度集聚。

找到并圈出隐伏岩体范围，摸清其分布规律，也就解决了在什么地方去找矿的大方向问题。

湖南地区可圈出浅层隐伏岩体 33 处，如羊角塘、雷坪、洋市东、东城东、团园山、白芒营、黄沙岭、曹家田、三都、高挂山、峨嵋观、清水塘、邓家铺、界头炉、大乘山（白云铺）、龙山、大庆坪、斗牛岭、后江桥、留书堂、托背岭、天子山、枨冲、洪源、白马寺、荆竹山、青树咀、常德等。还有一些地表只见小岩体，深部存在大岩基（群），如（黄沙）坪宝（山）、瑶岗仙、香花岭、东坡矿田、水口山、七宝山、铜山岭、上堡、龙王排等。

浅层及中深层隐伏岩体（带）分布规律：

（1）由重力低反映的浅层及中深层隐伏岩体成群、成带分布。重力资料反映了地表出露岩体之间的关系及向深部的连接情况、空间形态特征和产状，并可圈定不同深度、不同规模隐伏岩体范围，地表分散岩体一般向深部相连，形成数百至数千千米的规模巨大的岩基（群）、岩带，它指示了成矿方向和成矿趋势，为岩浆活动和成矿规律研究提供了基础资料。

有很多地表出露岩体分散、杂乱、规律不明，而由局部重力低或垂向二阶导数负异常反映的半隐伏—隐伏岩体，呈串珠状、环状、带状分布，规律十分明显，为研究出露的浅层、深层隐伏岩体之间的联系及岩浆活动规律提供了依据。

① 浅层岩体（带）分布。浅层岩体一般指埋深 3 km 以内的岩体，是研究的重点，是划分构造岩浆岩带或构造岩浆成矿带的基础。

由溆浦—安化—沩山—安仁半隐伏—隐伏花岗岩带引起的弧形重力低为中心，与西部中华山—瓦屋塘—越城岭南北向串珠状花岗岩重力低组成巨大的弧形构造岩浆岩带，成为雪峰弧形隆起与湘中凹陷两大块体间的岩浆（岩）焊接带。在沩山和大神山两岩体的北西端有向北西发展的分支岩浆活动带，在沩山岩浆活动带东侧与石门—常德—安仁构造岩浆活动带融为一体，形成斜穿全省最大的北西向构造岩浆活动带。

锡矿山—大义山—郴州串珠状局部重力垂向二阶导数负异常，构成省内第二大北西向构造岩浆活动带，与西南侧白马山—龙山、越城岭—关帝庙、都庞岭—塔山等构造（隆起）岩浆活动带斜接，南东与万洋山—骑田岭北东向几乎呈直角相交。

与锡矿山—大义山—郴州北西向主体构造岩浆活动带平行且等距分布的次级分支带，有后江桥—大东山、嘉禾—香花岭、金银冲—骑田岭、水口山—资兴等超浅成构造岩浆活动分支带。

构造岩浆活动带主要受北东和北西两组深断裂带的控制，多出现在刚性块体边缘，表明中浅层岩浆作用往往沿结晶基底边缘发生和发展，成为深部构造块体的岩浆（岩）焊接带——构造岩浆岩带，或者成为加里东复背斜、短轴穹隆构造核部的岩浆（岩）“填充剂”——构造隆起岩浆岩带，如越城岭、都庞岭、塔山—阳明山、香花岭、龙山等，它们共同组成区内中浅层构造的特殊弧形块体构造格架。

超浅成构造岩带主要呈北西向展布，计有水口山—资兴、羊角塘—常宁、金银冲—骑田岭、嘉禾—香花岭、后江桥—九嶷山—大东山、铜山岭—白芒营、丫江桥—锡田等。北东向展布的超浅层构造岩浆岩带有瑶岗仙—界牌岭、千里山—骑田岭、铜山岭—黄沙岭等。显然这些岩带主要受基底断裂带控制，其中尤以北西向隐伏构造最明显，但在地质图上却无明显显示。

一些新发现的近南北向构造岩浆活动带有连云山—板杉铺、托背岭—邓阜仙等，具有特殊的地质矿产意义。

② 深层岩浆岩带。深层岩浆岩带是指 14 ～ 20 km 的深部岩浆岩带块体，虽然它不是研究的重点，但它的存在对研究湖南区域岩浆活动规律和区域岩浆成矿规律是有意义的。

湖南区域重力大尺度垂向二阶导数负异常，清楚地反映了深 15 km 左右的深层岩浆岩带的分布，北东向和北西向隐伏岩带重力垂向二阶导数负异常的交汇处，往往是深层岩浆岩块（岩浆房？）分布区，有诸广山、塔山、越城岭、白马山、沩山、华容、幕阜山等深层岩块以及龙山—东山峰可疑超深层岩块，它们是深层岩浆活动的中心。

（2）浅层及中深层隐伏岩体分布规律。根据浅层及中深层隐伏岩体分布规律和线性构造特征，划分了湖南省构造岩浆岩带，这样有利于研究不同方向、不同深度层次花岗岩体空间形态特征。

重力反映的不同深度的岩体的边界特征为判断岩体产状、岩体剥蚀程度、岩体超覆部位及岩体侵入方向提供了依据。湖南半隐伏—隐伏岩体一般多呈上大下小的蘑菇状、楔状产出，表现出浅表层分散，中深层中类似板状块体，向深层逐渐过渡到不规则柱状，直至尖灭。

出露花岗岩体浅部超覆现象常见，如万洋山、彭公庙、九嶷山、白马山、九岭山等，而且岩体一般均往北西超覆。岩浆侵入中心（岩体根），大多偏向南东，表明岩浆侵入方向为由南东往北西。但湘东北地区，岩体根部偏向东移。弄清岩浆侵入方向有助于研究成矿物质运移趋势和集聚部位，有利于成矿预测。

根据以往重力资料中历次对湖南半隐伏—隐伏花岗岩体底板埋藏深度的定量计算结果进行统计分析，湖南半隐伏—隐伏花岗岩体底板埋藏深度一般为 10 ～ 16 km，约占 90%（图 5-1），与地壳中部壳内韧性剪切滑动面一致，表明陆壳改造型花岗岩源于中地壳壳内韧性剪切。

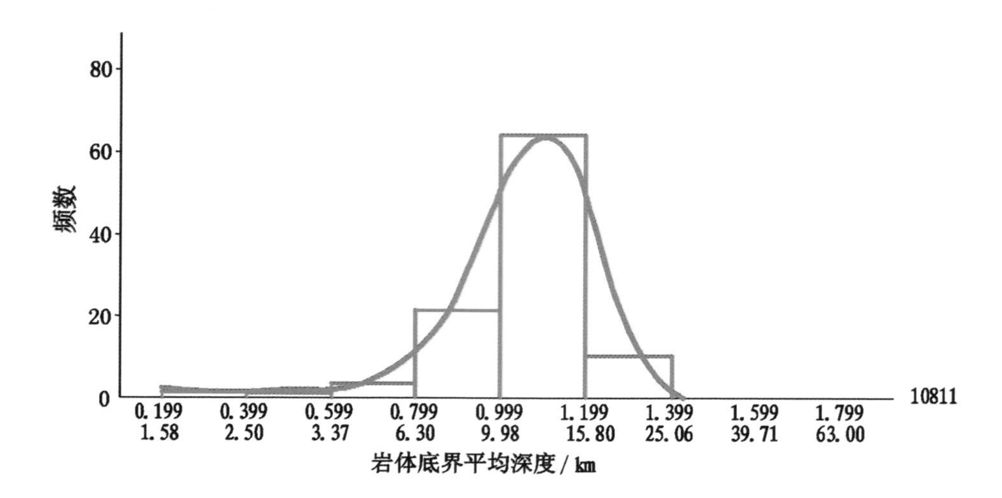

图 5-1　湖南省隐伏—半隐伏花岗岩体底界深度频率图

5.2　深部构造岩浆控矿规律

5.2.1　隐伏深断裂带

深断裂是控制各类矿床成矿地质环境条件的主要因素之一，浅表部含矿控矿断裂往往是深断裂带的延伸和发展。

深断裂提供了壳幔物质交流运移通道，壳内韧性剪切带是诱发花岗岩岩浆形成的先决条件，几组断裂的交会部位是岩浆就位的空间，从而决定了断裂构造岩浆成矿作用发生、发展方向以及成矿元素的集聚趋势。研究断裂构造分布，有助于形成对成矿规律的认识，是开展成矿预测和靶区优选的基础工作。

深断裂是指岩石圈中的大型线型构造软弱带（破裂带），往往在提法上有些模糊，或者各取所需，物探划分的深断裂必须有明确具体含义，而不是笼统的。根据深部地球物理成果，在汲取以往物探成果的基础上，将深断裂划分为岩石圈断裂、地壳断裂和基底断裂三类比较合理。

岩石圈断裂是指延深大、切穿岩石圈达到软流圈的深断裂。

地壳断裂是指切穿地壳达到莫霍面的深断裂。

基底断裂是指切穿沉积盖层和褶皱基底达到结晶基底、止于中地壳低速层的深断裂。

根据不同深度层次、不同大小规模的重力水平方向一阶导数异常，参考爆破地震、大地电磁测深等深部地球物理成果，湖南隐伏深断裂带有岩石圈断裂带 5 条、地壳断裂带 16 条、基底断裂带 24 条。

通过对爆破地震和大地电磁测资料进行分析研究，在洞庭地块东南缘新划分出汨罗—宁乡岩石圈断裂带，将原万载—长沙岩石圈俯冲断裂带改为九岭（万载）—丫江桥岩石圈碰撞断裂带较为合理。

湖南深断裂带以北东和北西两组为主，东西向基底断裂一般呈断续分布，明显具有早期构造特征。

深断裂带划分，有助于控岩控矿规律的研究。

5.2.2　深部构造岩浆控矿规律

区域重磁资料的开发利用，进一步深化了区域深部构造—岩浆成矿规律的认识，拓展了成矿预测的思路。

（1）北西向隐伏构造带控制大型、超大型矿（田）床的分布。深部北西向构造为导岩、导矿构造，是控制矿田分布的主要构造，北东向构造既控岩又控矿，不同深度层次、不同方向断裂构成交叉复合关系时，是岩浆活动的中心，是成矿聚矿的最佳场所。

湖南大型—超大型矿床主要分布在常德—诸广山—兴宁转换断裂带南西侧，大义山—大宝山北西向断裂带与北东向深断裂带的交汇处，海西—印支期构造层碳酸盐岩增厚区。锡矿山—大义山—大宝山海西—印支期北西向碳酸盐相古沉积中心，沉积总厚度达 3 ～ 4 km，明显受北西向构造控制。锡矿山锑矿田、水口山、坪宝等铅锌多金属矿田、东坡（柿竹园）

钨、锡、铋、钼、铅、锌多金属矿田、新田岭、曹家坝钨矿、香花岭、骑田岭、界牌岭锡多金属矿田等一批超大型—大型矿田（床），以及龙山锑金矿、高家坳金矿、白云铺、禾青、留书堂、清水塘铅锌矿以及大义山地区钨锡铅锌等一批中型矿床均分布在这个带。位于该北西构造岩浆控矿带北西部的沃溪、渣滓溪金锑矿、董家河铅锌矿，也应是该带的组成部分。因此，该北西向隐伏构造带是湖南最主要的有色贵金属矿产资源集聚区。

该北西向构造岩浆控矿带向南东可延至广东的凡口、大宝山铅锌多金属矿田。根据对南岭地区矿床的不完全统计，已发现矿床数 352 处，其中小型 170 处、中型 123 处、大型 59 处。南岭中段锡矿山—大义山—大宝山北西向构造带已发现矿床数 139 处，其中小型 55 处、中型 50 处、大型 34 处。中大型矿床占南岭地区中大型矿床的 46.2%；而大型矿床则占 57.6%，超大型矿床（田）全部集中在该带。随着矿产资源调查评价的深入，一批新的超大型—大型矿产地也陆续在该带发现，如骑田岭芙蓉锡矿田等。

南岭地区总面积 306 000 km^2，南岭中段锡矿山—大义山—大宝山北西向构造带面积 48 000 km^2，占南岭地区面积的 15.7%，矿床数平均 29 处 / 10 000 km^2，而南岭其他地区矿床平均数仅 8.2 处 / 10 000 km^2。

资料显示该北西向构造带是斜穿南岭的一条最重要的有色金属聚矿区，是贵金属、有色金属矿床最集中的地区。据王世称教授在《矿产资源综合信息评价理论与实践》中提供的资料，华南地区中大型铅锌矿床主体受北西向构造成矿带控制。

锡矿山—大义山—大宝山北西向隐伏断裂带是一条规模巨大的板块转换断裂带，在卫星自由空气重力异常图上有明显反映，它揭示了 30 km 的地壳和 100 km 左右的岩石圈板块深部物质密度不均匀的情况，北西向构造软弱带（断裂带）成为高密度地块与低密度地块的分割线。有资料表明，在北西向转换断裂带两侧，磁场特征不同。从古地理环境看，它还是一条同生沉积断裂，控制了寒武纪以来的古沉积环境，显示了古北西向构造的存在，它是深部构造的延伸和发展。

受北西向常德—安仁转换断裂带制约，北西向刚性地幔块体高度集聚了中大型、超大型各类重要矿床。

锡矿山—大义山—大宝山北西向断裂带矿床数量多，分布集中，密度大，矿床种类多，组分复杂，资源量巨大。如此众多的矿床（包括有工业价值的层控矿床）集中在北西向构造带，有其特殊的深部构造地质、地球物理、地球化学背景。

该区矿床高度集聚，不仅仅是因为其有特殊的深部构造地球物理成矿的优势环境，而且区域地球化学资料也显示，在以常宁—桂阳—英德一线为中心，宽 60 ～ 100 km 的北西向地域分布有 Sn、W、Bi、Mo、Cu、Zn、Pb、As、Sb、Hg、Au、Ag、F、B 等元素的异常密集带，成矿元素、伴生和相关元素以及运矿元素的高度集中，反映了该区具有钨锡铅锌银多金属矿床的成矿物质基础和有利的成矿环境，把该区作为北西向构造岩浆成矿带是有充分地球化学依据的。

湘南地区后江桥—九嶷山—大东山和兴城—钟山—连山两条北西向构造岩浆岩带与北东向等构造岩浆岩带的复合部位也是矿田集中分布区。湘南地区受北西向地壳断裂带控制的低序次构造岩浆成矿带，有资兴（三都）、金银冲、坪宝、香花岭、西山、九嶷山—后江桥、铜山岭—白芒营等七个呈斜列式展布、平行等距分布的重（低）磁（高）鼻突是北西向地壳断裂衍生的基底断裂，构成相互平行的隐伏构造岩浆岩带，它们与浅层北东或南北向构造构成复合关系时，有利于岩浆岩及矿床的定位，成为矿田聚集的最佳场所，矿田出现在隐伏构造结，因此认为控制湘南多金属矿田分布的主体构造为北西向隐伏基底构造。

就一个具体矿床来说，其并不都表现为北西方向，这种浅部容矿构造与深部控岩控矿构造组合的复杂关系，正是控岩控矿构造的特殊性。矿田受隐伏北西向构造控制，组成北西向区域控矿带，但矿田、矿床中的多数矿体则受浅层构造主体方向制约，主要表现为北东或北北东，甚至南北向。

强调北西向构造的控岩控矿作用，并不否定或排斥北东向或东西向等构造的控岩控矿作用，如万洋山—郴州—骑田岭—连山北东向构造岩浆岩带对南岭中段锡铅锌多金属矿床的控制就非常重要。

北西向矿田构造岩浆成矿带，在湘南是重力工作的新发现，改变了某些传统认识，为潜在隐伏矿田找矿预测指明了方向。

（2）深部构造块体边缘成矿作用在湖南表现得十分明显和典型。大尺度构造块体，特别是结晶基底构造块体间花岗岩“焊接”缝合带的确定，进一步划分了湖南特定的深部构造格架。

基底断块或断隆的边缘成矿作用在湘南地区表现得特别明显和典型。郴桂地区与岩浆热液成矿有关的71处大、中、小型多金属矿床全部分布在重力推断的断阶带及旁侧的构造岩浆岩带中，只有32处矿化点不在其中。断块或断隆属刚性块体，不利于成矿。块体间为断裂所分割，其间多为中酸性、酸性岩浆岩（带）所“焊接”。很明显，断裂岩浆热液成矿作用总是从块体边缘发生和发展的。

从地震测深和重力资料确定的地壳等厚度图可知，在常德—安仁—汝城和邵阳—大义山—郴州两条北西向构造岩浆岩带之间，是湖南地壳产状变化最剧烈的地区，在上地幔隆凹接合部位，次级地块边缘断裂发育，于地壳厚度突变处，分布有沃溪—渣滓溪、板溪—廖家坪、锡矿山—龙山、水口山、柿竹园—坪宝矿田等五处大致等距、呈北西向展布的多金属矿床矿化集聚中心。

（3）以隐伏中酸性、酸性岩浆岩基（群）“重低磁高”或重磁变异带为中心的构造岩浆成矿系列矿床控矿模式，是开展岩浆（热液）系列矿床成矿预测的基本思路。不同岩浆成矿系列矿床和矿田，重磁场特征不同，与成矿有关的花岗岩类岩体具磁性，而非成矿岩体一般不具磁性。由重（力）低、磁（力）高异常反映了隐伏、半隐伏花岗岩基控制的钨锡多金属矿田，磁高或重磁变异带反映了隐伏中酸性花岗闪长岩体（群）控制的铅锌多金属矿田。

隐伏岩体“重低磁高”异常或重磁异常变异带，反映了潜在内生多金属矿田的空间位置和形态范围，南岭地区具有工业价值的多金属矿床大多落在“重低磁高”或重磁变异标志区。在成矿远景区矿产资源调查评价中，以中大比例尺重磁资料为基础，利用重力剩余负异常或垂向二阶导数负异常，结合区域地球化学、航磁标志信息，圈定与中酸性岩浆岩有关的已知和潜在的钨锡铋钼铜铅锌铌多金属矿田，可大大扩展已知矿田的范围，对预测岩浆热液系列缺位矿床具有实际意义。如湖南坪宝、香花岭、瑶岗仙等矿田的圈定，改变了单一方法认识的局限。

（4）隐伏、半隐伏大岩带控制区域成矿带，大岩体、大岩基控制矿田，大岩体上方的小岩体控制矿床，地表“无根小岩体”的下方无提供矿源的后续大岩体（基）存在，这种小岩体对成矿不利。

经典地质理论认为小岩体对成矿有利，大岩体对成矿不利，重磁资料的应用使这种理论受到了严重挑战。东坡钨锡多金属矿、芒场、大厂和香花岭锡多金属矿、坪宝、泗顶铅锌多金属矿、瑶岗仙钨锡多金属矿、水口山铅锌多金属矿、铜山岭铜多金属矿等，地表出露岩体确实很小，仅 0.*n* ～ *n* km^2，而重磁资料反映上述矿床（田）中对应小岩体深部有相当规模的隐伏大岩基存在，面积可达 100 ～ 1 000 km^2，这是大型—超大型岩浆热液矿床形成的深部热源背景。如果地下深处没有岩浆热源促成数十以至数百万吨金属元素的带出、迁移、活化转移，并聚集成矿，仅地表小岩体是不可能提供大矿所必需的矿质的。也就是说，只有深部存在多金属元素的巨大“热动力库”——岩浆热源，对应其上的由局部重低或重磁变异带所揭示的高侵位隐伏、半隐伏小岩体的存在，才能形成有工业价值的矿床。而那些受逆冲断裂控制的“冷侵入”、无根“悬挂”小岩体形成中型以上的工业矿床的可能性极小。如宜章长城岭地区，地表小岩体成群（约 60 个），矿点密布（30 个锑汞铅锌），只有 1 处锑多金属小型矿床，但重磁资料表明，深部无大岩体提供后续矿源，因此目前尚未找到有工业价值的矿床。

当地表出露岩体巨大、分散、无重力低确定岩体“重心”所在，表明岩体延深不大，剥蚀程度深，对找矿不利；有局部重力低反映的半隐伏—隐伏岩体（带）分布区，是主要矿化集中区；浅层隐伏岩体分布区，是锡铅锌多金属系列矿床成矿有利区。

5.3 地层对成矿的控制

地层对某些金属，特别是沉积或层控矿床的成矿具有决定性控制作用，如煤、石膏、钙芒硝、岩盐矿产和磷、重晶石矿产。地层对成矿的控制主要表现在地层层位控矿和地层岩性控矿两个方面。

5.3.1 地层层位控矿

1. 铁、锰、磷矿产

受地层时代控制的有工业价值的铁、锰、磷矿产含矿层位有 11 个，计有震旦系下统江口组中的江口式沉积变质型铁矿、湘锰组中的锰矿；震旦系下统陡山沱组、灯影组中的磷矿；寒武系下统底部、寒武系中统底部磷矿；奥陶系中统磨刀溪组；志留系中的磷矿；泥盆系上统锡矿山组（或写经寺组）中的宁乡式铁矿；石炭系下统岩关阶底部邵东段内的茶陵式铁矿；二叠系下统当冲组中的锰矿等。

2. 层控型铅锌黄铁矿产

控矿层位有 6 个，包括产于震旦系上统陡山沱组的董家河式铅锌黄铁矿、寒武系下统清虚洞组中的渔塘寨式铅锌矿，主要与藻灰岩的发育有关；奥陶系下统南津关组底部、泥盆系中统棋子桥组（后江桥、白云铺式铅锌矿）等。

3. 层状铜矿

有多个含铜层位，具工业价值的主要有麻阳九曲湾白垩系下统锦江组中的红层砂岩型铜矿，其次是铜鼓塘第三系中的部分砂岩型铜矿。有找矿潜力的为沅陵寺田坪产于板溪群中马底驿组浅变质砂岩型铜矿。三叠系中统巴东组和白垩系上统戴家坪组浅色砂岩，虽有含铜层位，但无工业意义。

4. 煤矿

含煤层位主要是晚古生代以来的陆相及海陆交互相形成的含煤建造，有石炭系下统大塘阶测水段中的测水煤系、二叠系下统底部含煤段，二叠系上统底部的龙潭煤系、三叠系上统和侏罗系下统含煤段等五个含煤层位。此外，还有震旦系及寒武系中的海相石煤层。

5. 镍、钼、钒、铀、重晶石矿

寒武系下统底部含矿岩系主要为一套富含有机质的黑色炭质板状页岩，在湘西北、湘东北和湘中局部古沉积环境有利区可形成黑色页岩型钒、镍、钼、铜、镉、铀、重晶石等矿床，稀土（钇为主）、银、铂、钯、金、硒、汞等可综合利用。钒矿等赋存于寒武系下统牛蹄塘组、水井沱组下段石煤层中。

例如，慈利县大浒镍钼矿产于寒武系下统黑色页岩中，除镍、钼外，伴生钒、铀、磷和铂族、稀土、稀散等多种有益元素，可综合利用。

重晶石矿以新晃侗族自治县贡溪重晶石矿最为典型，产于寒武系下统牛蹄塘组及震旦系上统，以前者为主。重晶石矿体赋存在矿层的中、下部。

邵阳市佘湖山—清水塘钒矿赋存于二叠系当冲组顶部与乐平组底部炭质页岩中。

6. 石膏、钙芒硝、岩盐矿

盐类矿产主要分布在早第三系古新统，如衡阳茶山坳、澧县盐井等。

早石炭世晚期（大塘阶梓门桥段）浅海局限台地局部有石膏矿沉积，如邵东、双峰等地。早白垩世早期沅麻、衡阳盆地局部有沉积型砂岩型铜矿和铜铀矿。

从整个地史发展进程可以发现，沉积矿产在不同时代地层中的分布是不均匀的，而且不同种类的矿产在各个成矿期内是有序出现的，构成了所谓的成矿序列。

叶连俊将我国沉积矿床划分为 4 个成矿期，在每个成矿期中，主要沉积矿床形成有规律的成矿序列，从老至新大致以 Fe、Mn、P、Al、煤、Cu、盐类这一顺序出现。

上述成矿序列，明显地反映了气候条件的演变规律，大致反映了从温湿的气候条件向干燥气候条件演化，即从 Fe、Mn、P、Al、煤到铜、盐类沉积矿床形成而结束。

5.3.2 地层岩性控矿

地层岩性条件对沉积矿床和部分内生矿床均有较明显的控制作用。

（1）沉积矿床：地层与矿床两者具有共同的物质来源和沉积环境，因而矿床常与一定的沉积建造共生。

（2）层控矿床：一方面是地层为层控矿床提供了部分或全部成矿物质来源，这些岩性层通常称为矿源层。另一方面是一定岩石类型和岩性所反映的岩相，代表着沉积环境对层控矿床的控制和影响。湖南层控有色及贵金属矿床层位较多，大多与碳酸盐建造有关。例如，礁灰岩相为层控铅锌矿床有利富集的岩性和岩相因素之一。

（3）地层岩性对内生金属矿床的成矿有明显的控制作用，岩性决定矿床成矿类型、矿产种类及矿体产出形态。如与岩浆成矿作用有关的矿床，当碳酸盐岩与中酸性、酸性成矿岩体接触时，往往形成高温热液接触交代矽卡岩型钨锡等矿床，往外则为中高温热液充填交代铅锌矿床。

钨、锑、金矿，除层状硅化岩型锑矿受上泥盆统佘田桥组碳酸盐岩控制外，上述矿床多局限于冷家溪群、板溪群、江口组浅变质碎屑岩中。

湖南比较集中的赋矿地层主要有泥盆系中统棋子桥组、泥盆系上统佘田桥组，石炭系下统大塘阶石磴子段和梓门桥段，石炭系中上统壶天群，二叠系下统栖霞组、茅口组。当碎屑岩类岩性成为花岗岩类成矿岩体围岩时，主要形成充填型多金属矿床。

第 6 章　湖南主要矿床成矿模式及找矿模型

6.1 主要典型矿床成矿模式

矿床成矿模式取决于矿床成因。矿床成因涉及面较宽，分类依据不同则产生不同的分类系统，如依据成矿作用划分的矿床成因类型和依据成矿物质来源划分的矿床成因类型是不同的。

有地质学家以成矿作用为主要依据，同时考虑了成矿地质环境和成矿物质来源，划分了矿床成因类型，其结果如图 6-1 所示。

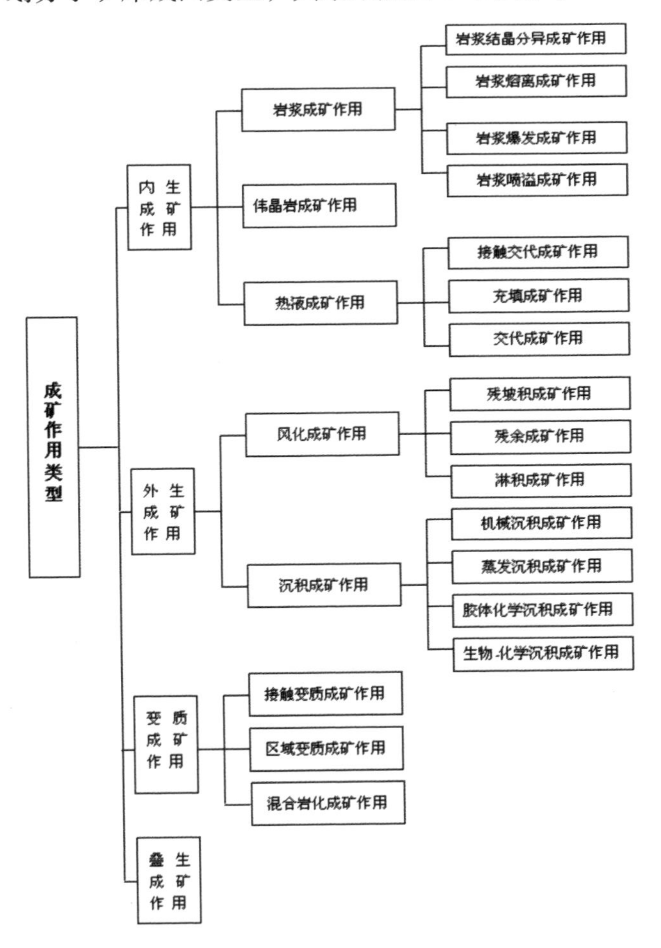

图 6-1　成矿作用类型

在相当长的一段时间内，地学工作者只注重对单个矿床成矿条件进行具体研究，再根据不同矿床各自形成条件进行分类，大致体现了某些类型之间在成因上的联系。

瓦尔德马·格林仑主要根据成矿温度，将同中、深成花岗岩体有关的矿床分为深成、中深成和浅成热液 3 类。

苏联地学家史耐特洪、马加克扬和塔塔林诺夫等人根据成矿特点（如深度、温度、岩浆岩性质）差异，结合矿石的矿物和元素组合情况，提出矿床或矿石建造概念，将与岩浆活动有关的矿床分为 7 类：岩浆型、岩浆—气成型、伟晶气成型、气成—热液型、热液型、喷气型、水下喷气型。在热液型中又划分出金、金—银、含铜黄铁矿及铜等 8 个建造。

中科院院士程裕淇、陈毓川指出："所有这些，从本质上说，还都只是就矿论矿，就类型论类型。"因此，它们在区域成矿分析中所起的作用，就有其局限性。

从 20 世纪 50 年代以来，程裕淇、陈毓川院士提出和完善了矿床成矿系列，把矿床成矿系列分为三大类，即与岩浆作用有关的成矿系列组合、与沉积（成岩）作用有关的成矿系列组合和与变质作用有关的成矿系列组合，同时还根据起主导作用的因素进一步划分了若干成矿亚系列。矿床类型以富集作用的性质命名。

应用成矿系列思想，开展以有色贵金属为主的矿产资源成矿预测和找矿靶区优选，是本书的基本工作思路。用成矿模式与综合信息找矿预测模型指导区块优选，是开展成矿预测的重要途径。矿产预测是找矿靶区优选的基础工作，矿产资源可能集聚区是成矿预测结果的表现形式。

基于利用综合信息开展成矿预测和找矿靶区优选的需要，根据地球物理、地球化学专业特点，依据成矿物质来源，结合湖南实际矿产地质特点，对矿床成因类型按成矿系列大体分 6 类。

（1）与花岗岩浆作用有关的岩浆热液矿床成矿系列。岩浆热液成矿作用形成了从高温气成矿种组合（铌钽铍稀土等）到高温矿种（钨锡），再到高中温矿种（铅锌铜）、中低温矿种（金锑）、低温矿种（汞）的矿床系列组合。

以中酸性—酸性岩浆岩体或构造岩浆岩带为中心大体形成环带矿化分布，在大地构造上主要分布在构造地球化学变更线（岳阳—安化—绥宁）以南的华南微板块隆起带及边缘，或凹陷带中的凹中隆，与加里东构造岩浆隆起带及两侧，构造块体的边界断裂附近，或岩浆焊接（缝合）带中。

有两种类型：

①与酸性岩浆岩有关的钨、锡、钼、铋、铅、锌、铜、银、铀、稀有、稀土矿床成矿系列。

A-1 为在凹陷区碳酸盐岩中的成矿亚系列。

A-2 为在隆起区碎屑岩中的成矿亚系列。

成矿时代主要为燕山期。

主要岩石类型为黑云母二长花岗岩、花岗斑岩等。

主要矿床类型有岩浆晚期—气成热液自交代岩体型（NbTa）、云英岩型（WSn等）、伟晶岩型（Be）、高温接触交代（矽卡岩）型（WSnBiMo）、中高温热液裂隙充填交代（SnPbZn、CuZn）型（石英脉 / 蚀变破碎带型）和中低温裂隙充填型（PbZn）、低温裂隙充填型（Sb）等。

例如，临武香花铺铌钽矿、东坡—柿竹园、瑶岗仙、香花岭、骑田岭等钨锡多金属矿田；黄沙坪、桃林、东岗山、枞树板铅锌矿床等。

②与中酸性岩浆岩有关的铜、铅、锌、金、银矿床成矿系列。

矿床主要分布在拗陷区上古生界碳酸盐岩中。

成矿时代主要为燕山中期和早期。

主要岩石类型为花岗闪长岩、花岗闪长斑岩、花岗斑岩、石英斑岩等。

主要矿床类型有斑岩型、矽卡岩型、热液裂隙充填交代型、热液裂隙充填型等。

例如，宝山、水口山、铜山岭、七宝山等铅锌多金属矿田、大坊金多金属矿等。

（2）与沉积改造作用有关的热水叠加（岩浆热液、海底喷流、古地热流）层控矿床成矿系列。

①产于扬子微板块雪峰地块边缘震旦系上统—寒武系下统中的铅锌硫、磷、镍钼钒等多元素组合矿床。例如，董家河黄铁铅锌矿，永和、东山峰磷矿，天井冲、新开塘钒矿，天门山、大浒镍钼矿等。

②产于扬子微板块武陵地块寒武系下统清虚洞组、奥陶系下统南津关组中的铅锌矿床。例如，产于寒武系下统清虚洞组碳酸盐岩中的渔塘寨铅锌矿等。

③产于华南微板块加里东—印支构造岩浆隆起带边缘泥盆系中统的铅锌金多金属矿床。例如，产于泥盆系中统棋子桥组碳酸盐岩中的后江桥、白云铺铅锌矿，产于泥盆系中统跳马涧组碎屑岩中的高家坳蚀变岩型、微细浸染型金矿等。

④与中新生代红层有关的铜、铀矿床成矿系列。例如，产于砂岩中的九曲湾铜矿，产于砂岩、基底裂隙中的铜鼓塘铜铀矿等。

（3）与古火山沉积作用或海底喷流有关的热水或岩浆热液叠加金锑钨多金属矿床成矿系列。

①与碎屑岩有关的金锑钨多金属矿床。主要分布在元古界隆起带浅变质碎屑岩中。主要成矿时代为燕山期，初始富集为中元古界。主要有石英脉型、韧性剪切带型、蚀变破碎带型和微细浸染型等。例如，有沃溪石英脉型（或蚀变破碎带型）及脆韧性剪切带型金锑钨多金属矿，黄金洞、漠滨石英脉型金矿，铲子坪矿田中的蚀变破碎带型和韧性剪切带型金矿，万古蚀变破碎带型金矿，高家坳微细浸染型金矿等。

②与碳酸盐岩有关的金、锑矿床。例如，产于衡山石峡泥盆系中统碳酸盐岩中的微细浸染型金矿等。

（4）受加里东（末期）古板块碰撞—拼接缝合带制约的及与幔—壳构造成矿作用有关的矿床。例如，产于泥盆系中统佘田桥组碳酸盐岩中的锡矿山超大型硅化岩型锑矿床，宁乡影珠山含金刚石金云火山岩（钾镁煌斑岩），贵州马坪含金刚石金云火山岩。

（5）与沉积作用有关的矿床成矿系列。

①煤、铁、石膏、岩盐等矿床。例如，产于泥盆系上统锡矿山组中的宁乡式赤铁矿，湘中为锡矿山组，湘西北地区为黄家磴组。产于泥盆系上统—石炭系下统岩关阶碎屑岩中的受变质沉积贫铁矿组合，该类矿床主要产于湘东、湘东南地区的石炭系下统岩关阶，相当于湘中的邵东段。过去数十年一直划为泥盆系上统翻下段的沉积铁矿统称茶陵式铁矿，多分布于滨岸陆屑沉积相带和局限台地碳酸盐岩相带。产于石炭系下统中的测水煤系及二叠系上统中龙潭煤系的煤、石灰岩、白云岩、海泡石等。

②水泥灰岩、建筑材料等矿床。

③风化淋滤型（或土型）矿床。例如，黑土型、红土型金矿，黑土型铁锰矿等。

（6）与区域变质作用有关的矿床成矿系列。例如，祁东、江口铁矿属产于震旦系江口组中的浅变质碎屑岩中的沉积变质铁矿床。

6.2　典型多金属矿田（床）地球物理地球化学特征及找矿模型

利用成矿模式指导成矿、找矿预测工作，可降低盲目性，提高成矿预测的准确性和科学性。一个好的模式要有根据，能给人以启发，它是成矿理论、找矿标志的高度概括。成矿找矿模式图的推广和流传，是地质、地球物理、地球化学知识的精练，地球物理、地球化学资料可以帮助人们开阔思路，摆脱传统观念的束缚。

在 1 ∶ 5 万～1 ∶ 20 万大中比例尺成矿预测中，应建立预测对象——典型矿田、矿床和矿带综合信息找矿模式。

综合信息找矿模型与成矿模式不同，但它必须以成矿模式为基础，它与成矿模式是既有联系又有不同含义的另一类模式。

地球物理、地球化学变异带综合反映了矿带、矿床、矿化体、岩浆岩、矿化蚀变带、含矿控矿地层等不同地质目标（地质异常）的某些特征。

利用不同地质目标不同等级、不同矿种的有效信息标志来描述矿田、矿床、成矿控矿条件，并以图表文字形式高度概括，这就是地质、地球物理、地球化学综合信息找矿模式，这种模式对隐伏矿田、隐伏矿床预测和找矿方法的优选具有重要的指导作用。

这里特别强调要改变对地球物理、地球化学异常固定不变的认识，只重视高于"异常"的那些若干数量级的数值变化，而忽视"异常"与背景段—高背景的特殊意义，因为它恰恰是隐伏矿床预测中最重要的微弱信息标志。

因此，更新传统观念，用新的成矿理论作指导，是提高成矿预测靶区优选效果的基础。

6.3 典型矿田、矿床综合信息找矿模型

6.3.1 坪宝铅锌多金属矿田

矿产地质标志：主要赋矿地层为石炭系石磴子灰岩，壶天群不纯灰岩、测水组砂页岩及梓门桥组黑色白云岩次之；燕山期花岗斑岩、花岗闪长斑岩为成矿母岩，次级隐伏背斜中的隐伏岩体对成矿最有利；矿床主要产于倒转背斜及褶皱构造轴线拐弯处、断裂交汇处、通过倒转背斜轴部的走向逆断层与以测水组为遮挡层所组成的封闭构造，为主要容矿部位；主要蚀变矽卡岩化、硅化、大理岩化；主矿种铅锌银，其次金铜

钼钨锡铁；矿床矿化分带明显，以隐伏岩体为中心，由高温向中低温热液矿床呈环形分布，即从 Sn（Fe）、W、Mo、Bi、Cu 逐渐向 Pb、Zn、Ag 过渡。

地球物理标志：矿田处于茶陵—蓝山区域重磁梯级带鼻状突起部位、区域航磁异常正负零值线附近，大尺度局部剩余重力负异常和垂向二阶导数负异常反映了坪宝矿田深部有隐伏岩体（群）基存在，一般剩余重力及垂向二阶导数局部负异常或正负异常零值线附近，可指示矿床所在位置。

地球化学标志：矿田主要指示元素以 Pb、Zn、Ag、Au 为主，兼有 Cu、Sn、W、Mo、Bi、As、Sb、Mn 等水系沉积物地球化学异常。矿田中不同类型矿床元素组合特征不同，黄沙坪矿区以 Pb、Zn 为主，宝山矿区以 Pb、Zn、Ag、Au、Cu 为主，大坊以 Au、Ag、Pb、Zn 为主；柳塘隐伏铅锌矿有弱的 Pb、Zn、As、Sb、Ag、Au 等土壤及岩石地球化学异常，而 Pb、Zn 等水系沉积物地球化学异常不明显。

香花岭、坪宝铅锌多金属矿田综合信息找矿模型如图 6-2 所示。

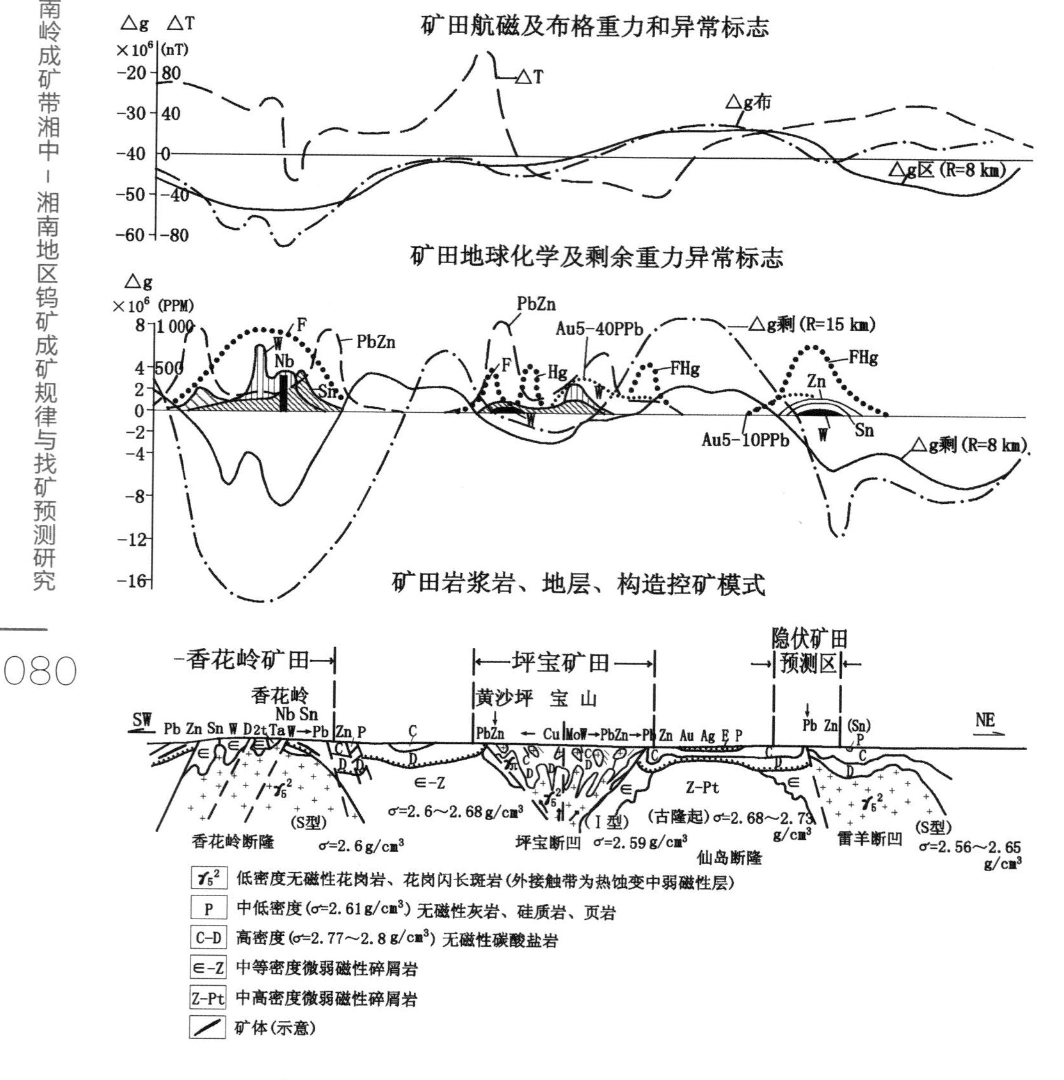

图 6-2　香花岭、坪宝多金属矿田综合信息找矿模型

1. 黄沙坪铅锌多金属矿床

矿产地质标志：主要赋矿地层为石炭系石磴子灰岩，测水组砂页岩及梓门桥组黑色白云岩次之；燕山期石英斑岩、花岗斑岩为成矿母岩，次级隐伏背斜中的隐伏岩体对成矿最有利；矿床主要产于倒转背斜轴部的走向

逆断层与以测水组为遮挡层所组成的封闭构造带中，背斜轴部为主要容矿部位；主要蚀变为矽卡岩化、大理岩化；主矿种铅锌，其次铁钨锡；矿床矿化分带明显：岩体接触带为矽卡岩型含锡磁铁矿，其外为大理岩化、黄铁矿化铅锌矿，铁锰碳酸盐化组成铅锌矿床的外带。

地球物理标志：剩余重力及垂向二阶导数局部重力异常变异带，局部重力低；北正南负、正负相伴的较规整的航地磁异常，强度 –1 500 ～ 5 000 nT；有明显的激电及多道能谱异常显示；浅部硫化矿体有明显的自然电场负异常；碳氧同位素低值区。

地球化学标志：Pb、Zn 为主成矿元素水系沉积物地球化学异常，其次为 Sn、W、As、Mn 异常。

黄沙坪铅锌多金属矿床综合信息找矿模型如图 6–3 所示。

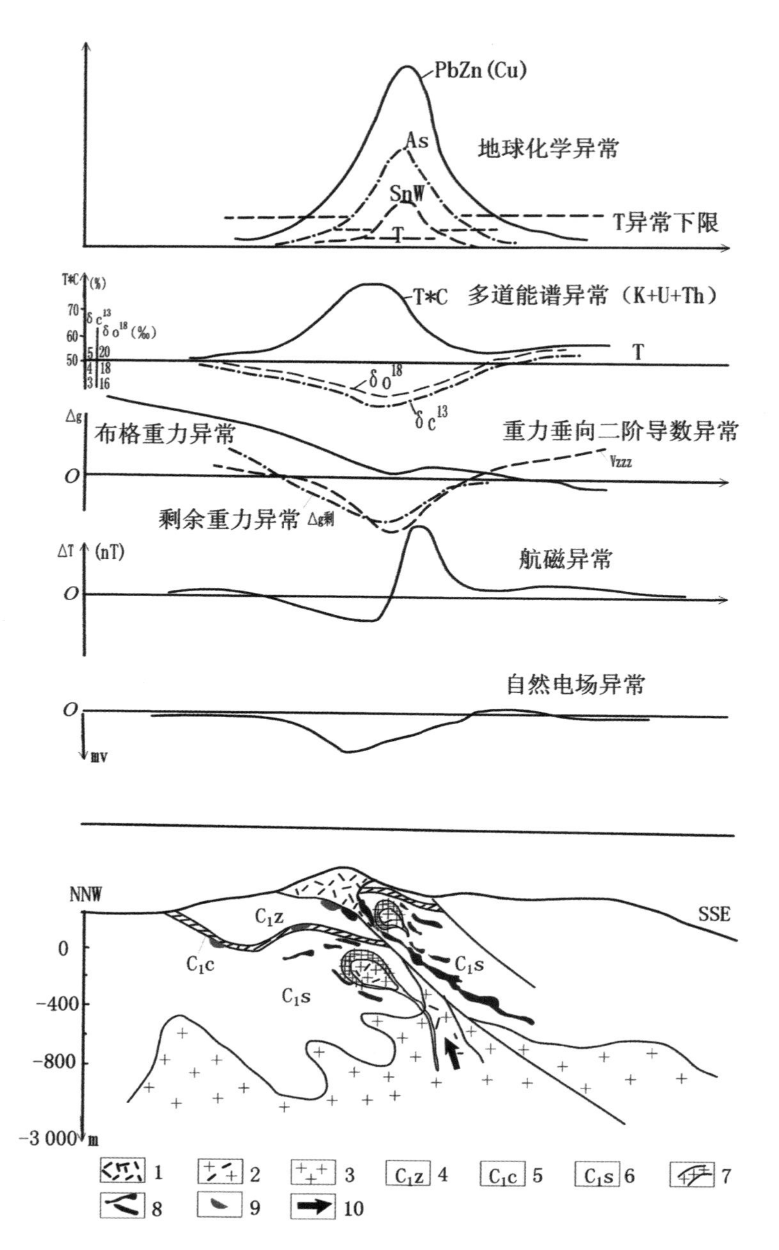

1—石英斑岩；2—花岗斑岩；3—花岗岩；4—下石炭统梓门桥组；5—下石炭统测水段；6—下石炭统石磴子组；7—矽卡岩磁铁矿体；8—铅锌矿体；9—铜矿体；10—成矿流体运移方向。

图 6-3　黄沙坪铅锌多金属矿床综合信息找矿模型

2. 宝山铅锌银铜多金属矿床

矿产地质标志：主要赋矿地层为石炭系石磴子灰岩、壶天群不纯灰岩，测水组砂页岩及梓门桥组黑色白云岩次之；燕山期花岗闪长斑岩为成矿母岩；矿床主要产于褶皱构造轴线拐弯处、断裂交汇处，在背、向斜的走向逆掩断层与高角度逆断层形成的“入”字或反“入”字形构造，以及通过倒转背斜轴部的走向逆断层与以测水组为遮挡层所组成的封闭构造，为主要容矿部位。

矿床具明显分带性，由花岗闪长斑岩向外依次为矽卡岩型铜矿、矽卡岩型钨钼铜铋矿、中低温热液裂隙充填型铅锌银矿。

与成矿有关的蚀变，也显示了与矿化有密切联系的蚀变分带，自岩体向外为钾化、绢云母化→矽卡岩化→矽卡岩化、大理岩化→大理岩化→萤石化、黄铁矿化、透长石化、硅化→铁锰碳酸盐化。

地球物理标志：剩余重力及垂向二阶导数局部重力异常变异带、航磁为负异常区的局部增高，地磁异常则呈正负相间的锯齿状、条带状，异常极不规则，一般强度 –200 ～ 200 nT。矿区具有明显的激电及多道能谱异常显示。

地球化学标志：Pb、Zn、Ag、Au 为主成矿元素水系沉积物地球化学异常，其次为 Cu、W、Mo、Bi、As、Sb 异常。

成矿地球化学元素以 Cu、W 为中心，向外逐渐过渡为 Cu、W、Mo、Bi → Pb、Zn、Ag（Au）→ Mn，大体呈环形分带，与矿化分带一致。

花岗闪长斑岩富含成矿元素，同时富 Si、碱，贫 Ti、Ca、Mg、Fe。

宝山铅锌银铜多金属矿床综合信息找矿模型如图 6–4 所示。

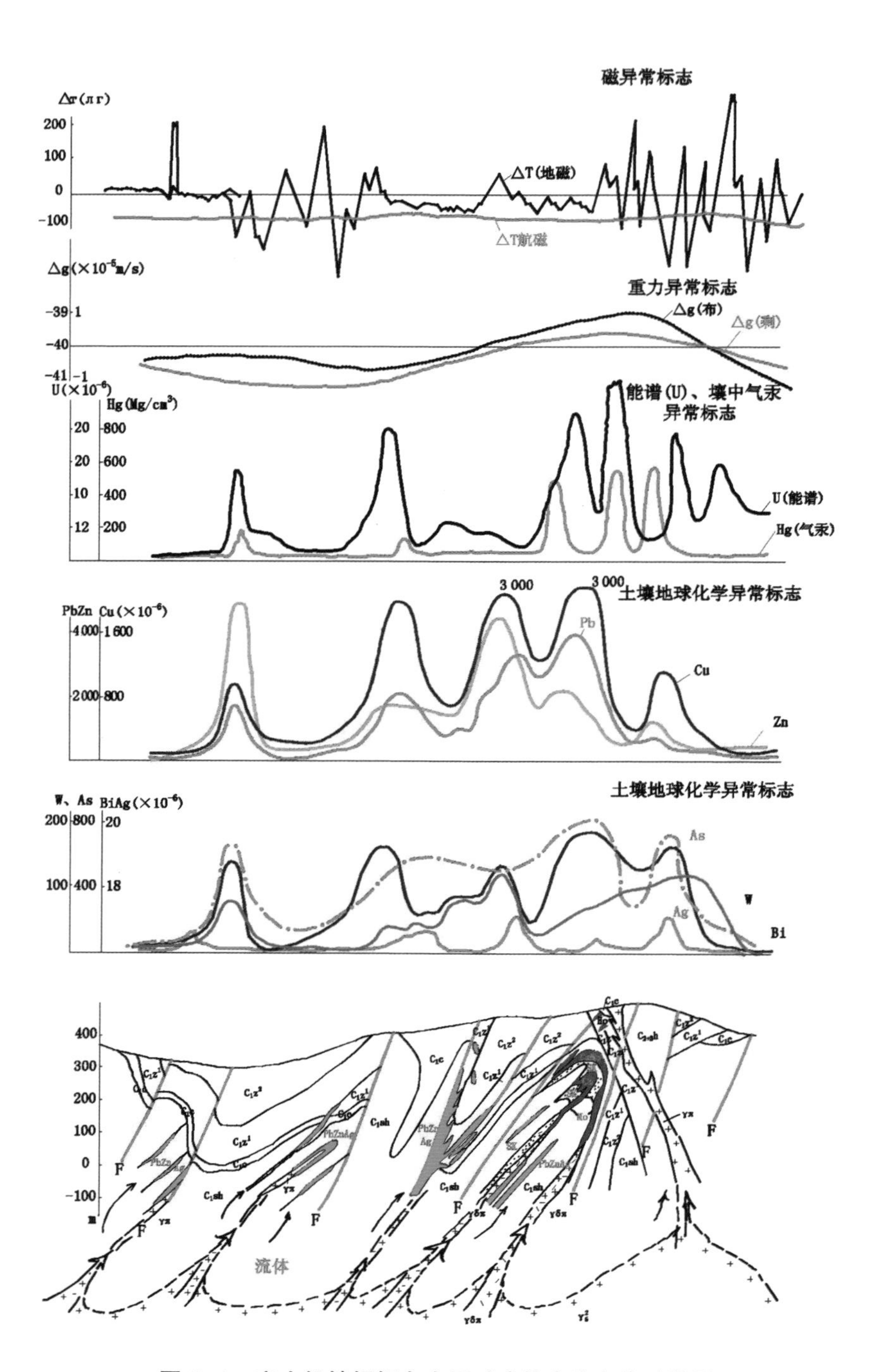

图 6-4　宝山铅锌银铜多金属矿床综合信息找矿模型

6.3.2 七宝山铜多金属矿床

矿产地质标志：矿区位于湘东元古代隆起永和—横山倒转向斜末端，近东西向断裂构造控制了向斜中石炭系地层的分布，主要赋矿地层为石炭系黄龙、船山组碳酸盐岩，印支期中酸性花岗斑岩为成矿母岩，空间形似蘑菇状；主矿种为铜、硫，伴生金、银、铟、镉、锗等；主要为产于层间裂隙和不整合面上的裂隙充填交代型含铜黄铁矿（含铅锌）床，其次为接触交代矽卡岩型铜铁矿床和风化残余型金银铁锰矿床。

地球物理标志：航磁、航空电磁异常均有明显反映，航磁异常北正南负，形态规整；矽卡岩型磁铁矿体产生强地磁异常，不整合面上的含铜黄铁矿体磁异常低缓；含铜硫化矿体有激电异常显示。

地球化学标志：花岗斑岩作为成矿母岩，具有很高的丰度值，Cu 213×10^{-6}，Pb 77×10^{-6}，Zn 165×10^{-6}；矿区有 W（Sn）、Mo、Bi、Cu、Pb、Zn、Ag、Au、Sb、As、Mn 等元素组合地球化学异常；以花岗斑岩为中心，成矿元素具有从高温到低温（F—W—Mo—Bi—Cu—Pb—Zn—Ag—Sb）的完整分带系列。

七宝山多金属矿床地球物理找矿模型如图 6-5 所示。

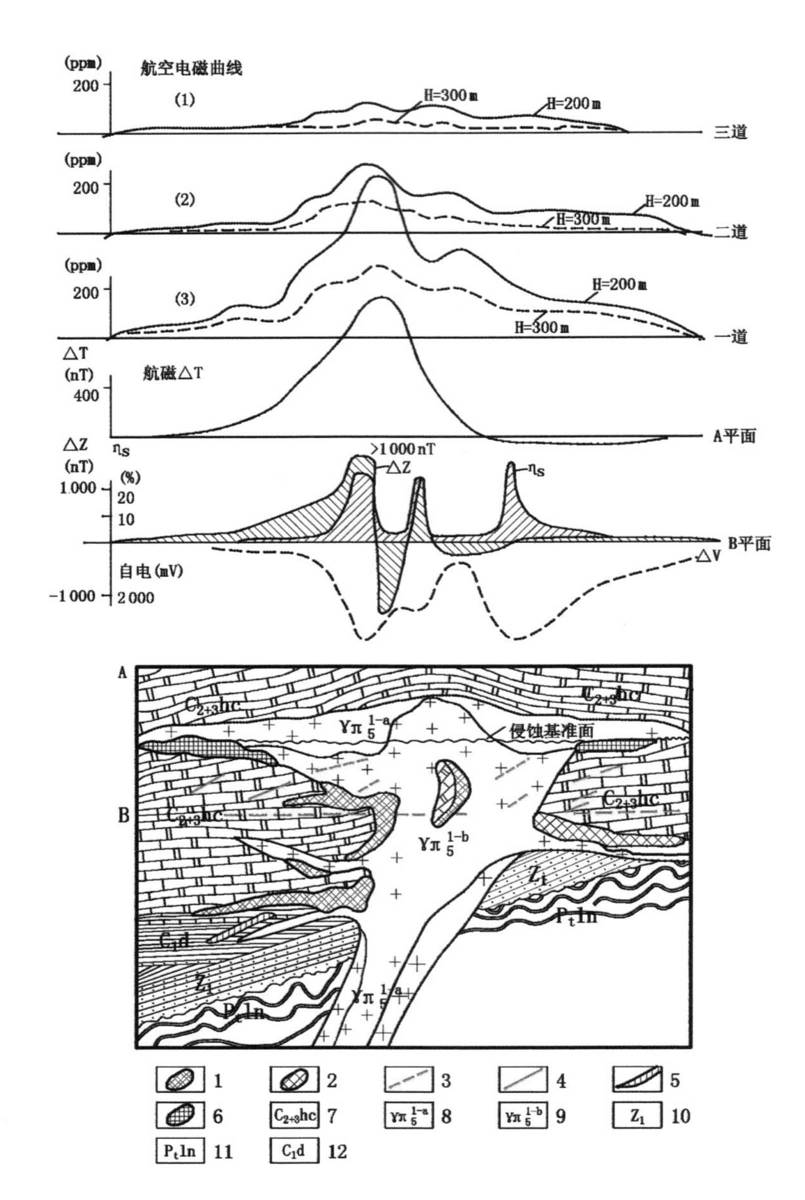

1—矽卡岩型铁、铜、硫矿体；2—似层状硫铜矿体；3—脉状硫铜矿体；4—脉状硫锌矿体或铅锌矿体；5—脉状硫矿体；6—风化残余型矿体；7—石炭系中上统黄龙、船山组；8—印支期第一次侵入花岗岩；9—印支期第二次侵入花岗岩；10—震旦系下统；11—前震旦系冷家溪群：12—石炭系下统大塘组。

图 6-5　七宝山多金属矿床地球物理找矿模型

6.3.3 香花岭锡铅锌多金属矿田

矿产地质标志：主要赋矿地层泥盆系中统棋子桥组灰岩、跳马涧组砂岩，次为寒武系下统浅变质砂岩、石炭系下统孟公坳组灰岩和大理岩。

矿田处于南北向和北东向构造的复合部位，短轴背斜为矿田主要构造，矿床受北东向构造控制，燕山早期花岗岩为成矿母岩，矿床分带明显，矿田中的铌钽矿分布在蚀变花岗岩体顶部，接触带为钨锡矿，远接触带为铅锌矿，金属矿化对岩性具有明显的选择性，不同矿床矿化围岩蚀变不同。

矿化蚀变具明显的分带性。自岩体边缘向中心、由顶部至深部为黄玉云英岩化→云英岩化花岗岩带→钠长石化花岗岩带→钾长石化黑云母花岗岩带；由岩株中心向外为钠长石化带（Ta、Nb、Be、Sn）→黄玉云英岩化带（W、Sn）→含铍条纹岩化（Be）和矽卡岩化带（Sn、Pb、Zn）→萤石化、绿泥石化、硅化、绢云母化带（Pb、Zn、Sn）→铁锰碳酸盐化带（Pb、Zn、Ag）。

金属矿物成分主要为铌钽铁矿、铍镁晶石、黑钨矿、白钨矿、锡石、磁铁矿、磁黄铁矿、毒砂、黄铁矿、黄铜矿、闪锌矿、方铅矿、自然铋、银黝铜矿、辉锑矿、深红银矿、辉银矿、辉锑铅银矿、硫银锡矿、锑银矿等。

矿石类型复杂，主要有花岗岩壳型铌钽锡矿石、细晶岩脉型铌钽矿石、条纹岩铍矿石、矽卡岩型锡矿石、磁黄铁矿型锡矿石、锡石硫化物矿石、黑钨石英矿石、锡铅锌银矿石、铅锌银矿石、斑岩型锡铅锌矿石、白钨铅锌矿石、萤石白钨矿石和辉锑矿石等。

地球物理标志：布格重力异常具明显的封闭负中心，反映了深部巨大隐伏花岗岩基的存在，为出露花岗岩体的20倍；局部剩余重力和垂向二阶导数负异常及磁异常与半隐伏隐伏花岗岩株基本吻合；锡铅锌多金属矿体可形成激电和磁异常（图 6–5）。

地球化学标志：Sn、W、Pb、Zn、Mo、Bi、Be、Ta、Nb 的平均含量高，分别高出维氏花岗岩 49.7、55.5、3.2、2.2、25、6 700、11.4、5.8、3 倍。矿田主成矿元素为 Nb、Ta、Be、Sn（W）、Pb、Zn，相关元素有 As、F、B 等；成矿元素地球化学异常标志显示了与矿床分带的一致性，以岩体为中心向外依次为 Nb、Ta，Be、Sn、W，Pb、Zn，Sb、Hg。隐伏锡铅锌多金属矿床有 Pb、Zn、Sn、As、F 的弱异常或高背景。当 Sn 和 Pb+Zn 累加衬值比≥ 0.56 时，距隐伏岩体垂直深度大约为 300 m。

香花岭矿田地质地球物理—地球化学模型如图 6-6 所示。

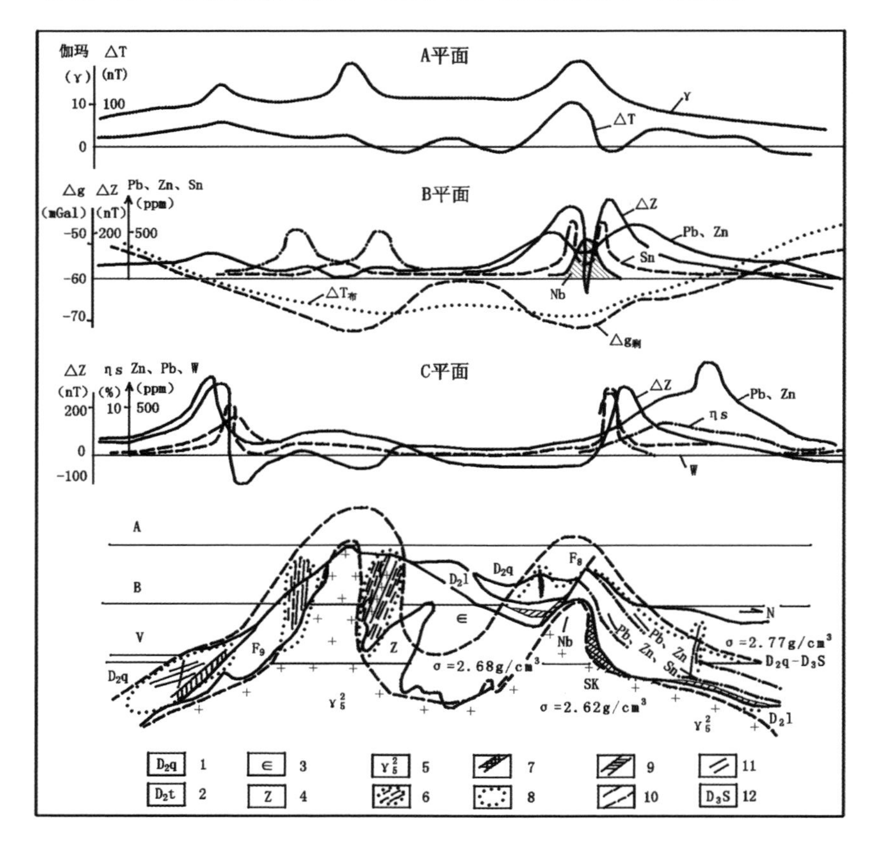

1—泥盆系中统棋子桥组；2—泥盆系中统跳马涧组；3—寒武系；4—震旦系；5—花岗岩；6—含 W（Sn）石英脉；7—W、Sn 矿体；8—含磁黄铁矿硫化多金属矿（化）带；9—Sn 矿体；10—热蚀变带；11—Pb、Zn 矿体；12—泥盆系上统余田桥组。

图 6-6　香花岭矿田地质地球物理—地球化学模型

6.3.4 东坡—柿竹园钨锡铋钼多金属矿田（床）

矿产地质标志：矿田位于湘东南北西向加里东复式褶皱隆起带西南部，北东向西山背斜和五盖山背斜之间的泥盆—石炭纪海西构造拗褶带中，矿田由柿竹园、东坡、南风坳、玛瑙山、蛇形坪等数个钨锡铋钼铅锌多金属矿床组成。矿床一般出现在隆拗交接部位的拗陷一侧，矿体多赋存于逆冲断裂之下有屏蔽遮挡层的背斜褶皱中。花岗岩、花岗斑岩为成矿母岩，主要矿化具明显分带，自岩体向外依次为铌—钨锡铋钼—铜铅锌银—铅锌银金—锑，矿种多样、组分复杂、矿床类型齐全。岩体接触带为矽卡岩型钨锡铋钼矿，距岩体 300 ～ 1 000 m 处的碳酸盐岩地层中为脉状、似层状裂隙充填交代型铜铅锌银矿；在远离岩体的碎屑岩区则为裂隙充填硅化破碎带或石英脉型锡多金属矿、铅锌银金矿或锑矿；在距隐伏岩体较近的泥盆系棋子桥下部有铅锌铁锰矿。

地球物理标志：矿田处于北东向布格重力低中心或重力剩余、重力垂向二阶导数负异常中心；航磁巨型 ΔT 异常零值线附近、负异常中的局部正异常，各类岩浆热液型多金属矿床矿体均有不规则局部地磁异常；高阻高极化或低阻高极化电性异常。

地球化学标志：矿田主成矿元素为 W、Sn、Mo、Bi、Cu、Pb、Zn、Ag、Au，相关元素有 As、F、B 等；不同类型矿床矿体具有不同地球化学异常标志。矽卡岩型钨锡铋钼矿有 W、Sn、Mo、Bi、Pb、Zn、As 等异常，Pb、Zn、Ag、As 指示了各类铅锌多金属矿，一般矿床多具有原生垂直分带序列，自矿体中心向外依次是 Sn（Mo）—Zn—Cu（F）—As—Pb—Mn—Ba—Ag、Pb、Zn、Sn（W）可指示隐伏锡铅锌多金属矿床存在。受构造断裂带控制的隐伏铅锌多金属矿床矿体上方有明显壤中气汞异常。

东坡矿田成矿模式与找矿模式如图 6-7 所示。

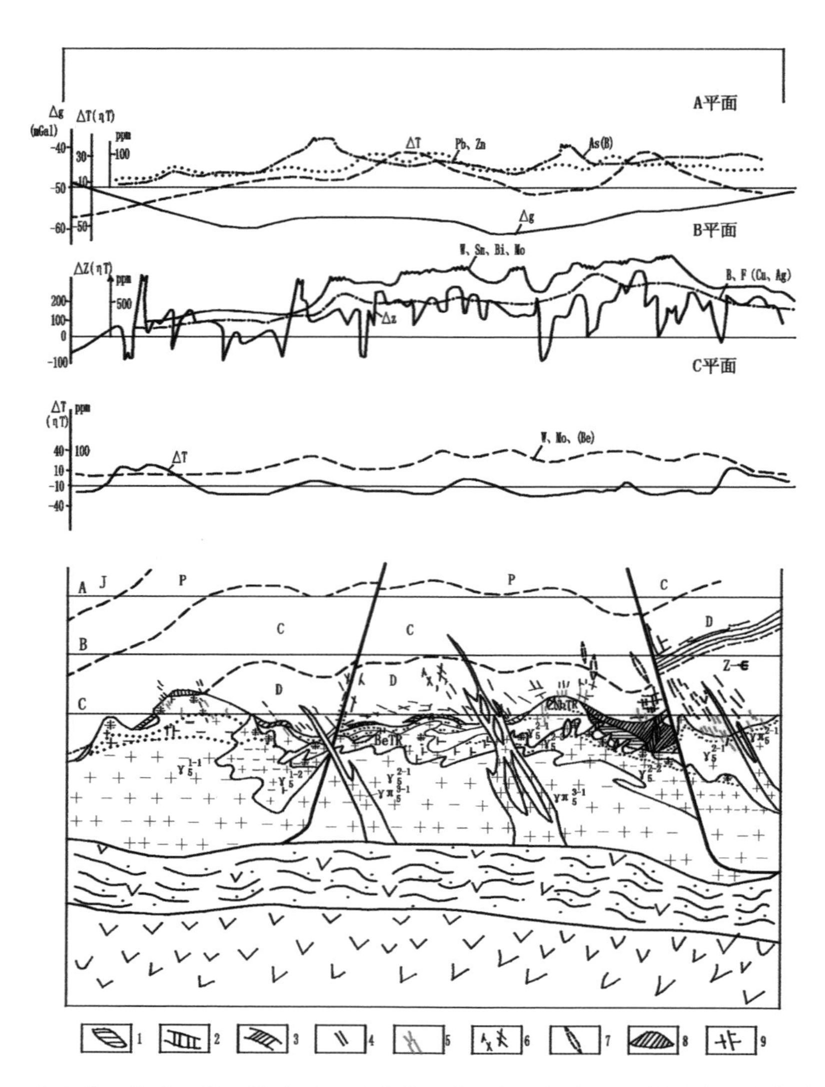

1—矽卡岩、钨锡、钼、铋矿；2—云英岩、钨、钼、铋矿；3—网脉大理岩锡矿；
4—裂隙充填锡多金属矿；5—钨锡石英脉；6—裂隙充填交代铅锌矿；7—裂隙充填交代锑矿；
8—层控锰铁矿；9—层控铅锌矿。

图 6-7　东坡矿田成矿模式与找矿模式

6.3.5　瑶岗仙钨多金属矿床（田）

矿产地质标志：矿区位于湘东南北西向加里东复式褶皱隆起带南部，

北东向海西构造拗陷（向斜）大角度不整合在震旦—寒武系地层之上。向斜北东收敛部位发育北西向断裂，控制了燕山期花岗斑岩的分布。

花岗斑岩为钨矿成矿母岩，矿床与小岩体或隐伏岩体上突部密切相关，主要矿床类型为石英脉型黑钨矿、矽卡岩型白钨矿，一般赋存于成矿母岩上方的早期岩体或碎屑岩外接触带中。矿脉产状较陡、倾向延伸大。

黑钨矿体垂向上具典型的“五层楼”分布模式，自上而下为石英线脉（带），石英细脉（带），石英细、薄脉（带），石英薄—大脉（带），石英大脉带。

金属矿物主要为黑钨矿、毒砂、黄铁矿，次为赤（褐）铁矿、黝锡矿、黄铜矿、锡石、闪锌矿、方铅矿、磁黄铁矿等；脉石矿物以石英、云母为主，次为长石、方解石、萤石。矿物组合线脉、细薄脉带以石英、毒砂、黄铜矿、车轮矿为主，细—薄脉带以石英、毒砂、黑钨矿、黄铜矿、黝锡矿为主，薄—大脉、大脉带以石英、毒砂、黑钨矿、锡石、铁锂云母为主。

矿化蚀变有云英岩化、电气石化、硅化、绢云母化、黄玉化等。其中云英岩化、电气石化与成矿关系最为密切。

地球物理标志：矿区位于瑶岗仙—界牌岭重力低之北端、布格重力剩余负异常或重力垂向二阶导数负异常零值线附近，重力负异常反映了瑶岗仙—界牌岭隐伏花岗岩基的存在，指示了隐伏矿田巨大的找矿潜力。瑶岗仙含矿（化）蚀变构造带具低电阻高极化率电性特征，有激电异常，与蚀变矿化有关的钨矿带、岩体接触带有磁异常显示。

地球化学标志：矿田主要成矿元素为 W、Sn、Bi、Mo、Pb、Zn，Au、Ag、Cu 次之，Cu—Pb—Zn—Au—Ag—As—Co—Ni—Cr—V—Zr—Sr 强化矿田异常明显，Hg—Sb—As—F 远程指示元素异常的存在，预示矿田具有多金属隐伏矿床的找矿潜力。

瑶岗仙钨多金属矿田（床）综合信息找矿模型如图 6-8 所示。

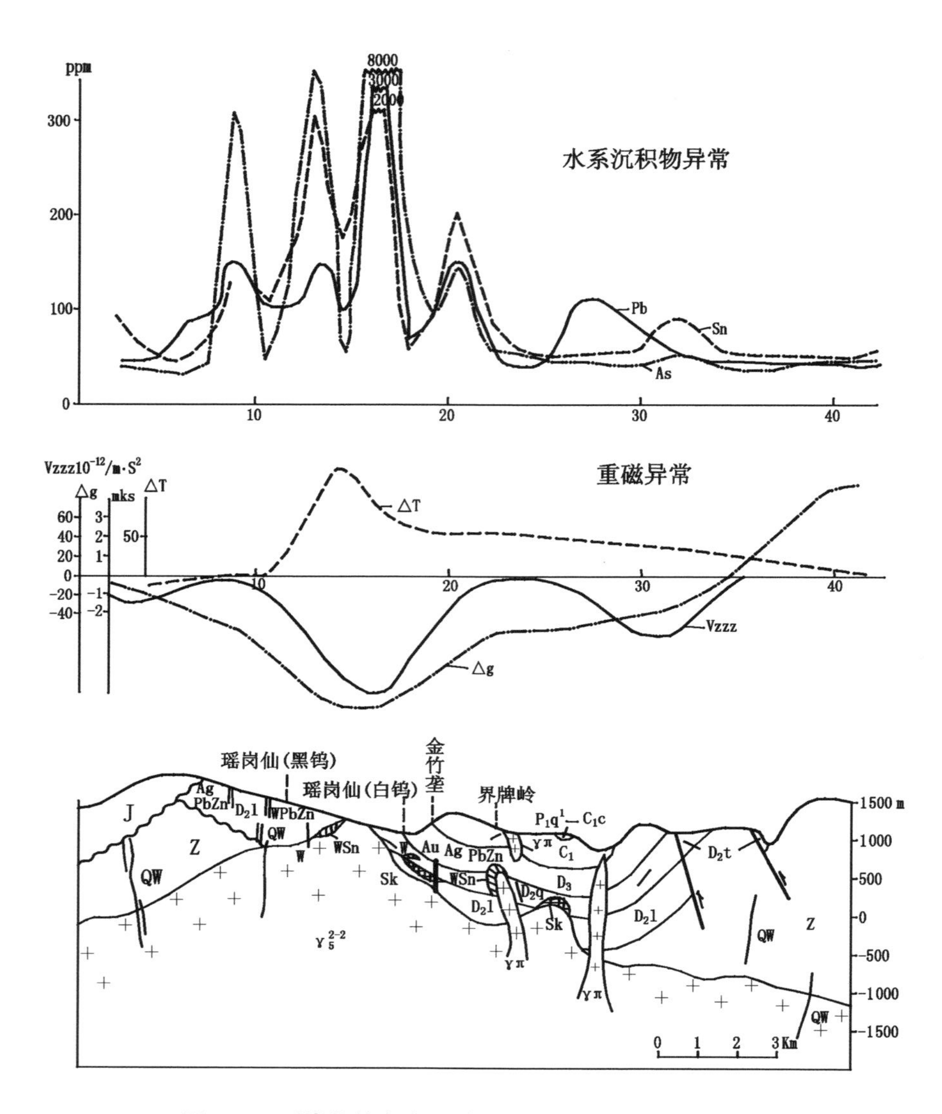

图 6-8 瑶岗仙钨多金属矿田（床）综合信息找矿模型

6.3.6 大义山锡矿田

矿产地质标志：大义山锡矿田位于北西、东西向地壳断裂交汇处，出露地层为加里东基底震旦、寒武纪砂页岩，印支盖层泥盆、石炭、二叠纪碳酸盐岩及含煤岩系。盖层褶皱总体为一轴线方向为南北的背斜，基底北西向断裂带与盖层背斜呈小角度交叉，对岩浆岩及成矿有重要控制作用。

矿田处于出露面积较大的燕山早期酸性—超酸性复式花岗岩大岩基中，岩体侵入时代为早、中、晚侏罗世及早白垩世，有众多侵入体，其中中侏罗世岩体为锡的成矿母岩，赋矿围岩直接为成矿母岩或近成矿母岩的早期花岗岩。

该区锡多金属矿计有云英岩化岩体型、云英岩—云英岩化石英大脉（破碎带）型、剪切细脉带型和产于接触带的矽卡岩型及围岩中的层间破碎带型等多种类型。前两类为本区规模最大的锡矿类型，其中以脉状矿体最具工业意义。岩体型锡矿赋存在上有早期岩体屏蔽的成矿小岩体顶部，即往往分布于较晚期（γ_5^{2-2}）侵入体顶部的上拱部位，当上部与早期 γ_5^{2-1} 接触带上有似伟晶岩壳形成时，矿化富集。矿体（化）呈带状、面状分布，宽数米至数百米，厚数米至数十米，垂直分带明显；云英岩化破碎带型受构造控制，位于早期岩体中；矽卡岩锡多金属矿体主要产于岩体与 D—C 石灰岩接触处，且接触界线比较平缓的内敛部位。产于外接触带石炭系灰岩中的似层状锡矿体主要受层间破碎带控制。

地球物理标志：不同尺度北西向重力低反映了浅、中、深层半隐伏—隐伏花岗大岩基的空间展布形态，中、深层岩体是出露岩体的数倍。局部航磁异常多环绕岩体接触带分布。

地球化学标志：Sn、W、Cu、Pb、Zn、As 地球化学综合异常发育，单元素异常面积在 20 ～ 320 km^2 间，Sn、W、Bi、Cu、Li、F 异常相互重叠且分带明显，范围与岩体基本一致，浓集中心位于岩体中心偏北。其中，高温元素（Sn、W、Bi）和矿化剂元素组（Li、F）强度与规模最大，Pb、Zn 异常规模与强度相对较弱，且呈分散状产出，多发育在接触带附近，基本与位于岩体内的北西向矿化带吻合冬。

大义山地区原生锡多金属矿成矿模式略图如图 6-9 所示。

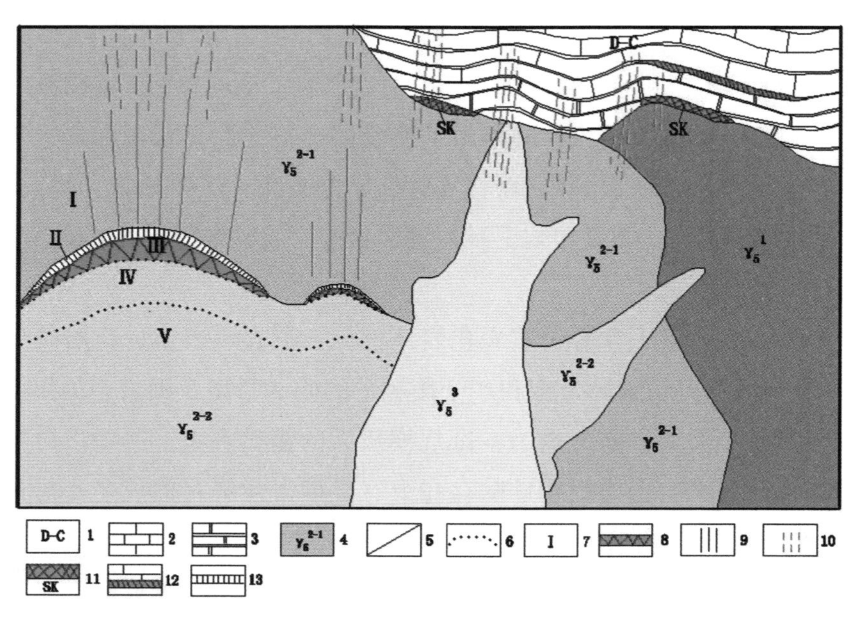

1—地层代号；2—石灰岩；3—大理岩；4—花岗岩及时代；5—地质界线；6—岩体蚀变带分界线；7—岩体自变质作用分带，Ⅰ脉状云英岩带；Ⅱ伟晶岩化带（似伟晶岩带），Ⅲ含锡（钨）云英岩（化）带，Ⅳ钠长石、第云母化带，Ⅴ绿泥石、叶蜡石化带；8—岩体型镉矿体；9—云英岩、石英大脉型镉矿脉；10—剪切带型云英岩锡石细脉带；11—矽卡岩型锡多金属矿体；12—外接触带中似层状层间破碎带型锡石硫化物矿体；13—似伟晶岩壳。

图 6-9 大义山地区原生锡多金属矿成矿模式略图

6.3.7 白云铺（后江桥）铅锌多金属矿床综合信息找矿模型

矿产地质标志：铅锌矿床主要产于华南微板块加里东—印支构造岩浆隆起带边缘裙边褶皱带，以及加里东构造层中的“隆中凹”（陷），含矿地层为泥盆系中统棋子桥组泥质灰岩、灰岩。金矿产于跳马涧组砂岩中，受北西向断裂及层位的双重控制。主成矿元素 Pb、Zn、Fe、Mn，伴生元素 W、Sn、Mo、Bi、Cu。铅锌矿明显受地层层位控制，矿体呈层状、似层状、透镜状，一般 Pb + Zn 品位在 0.5%～2%，只有隐伏花岗岩体存在时，棋子桥组中的铅锌矿化才有可能形成经济矿床。

地球物理标志：矿区位于布格重力剩余负异常或重力垂向二阶导数负

异常零值线附近，重力资料显示矿区坐落于浅层隐伏岩体外接触带上或中深层隐伏岩体的上方，这是判别有泥盆系中统棋子桥组含矿（化）地层分布区段能否形成工业矿床最关键的指标。矿层具低电阻高极化率电性特征，有激电异常。

地球化学标志：Pb、Zn、Au、As、Sb、Hg 区域地球化学异常，当距岩体或隐伏岩体很近时有 W、Sn 等异常出现。

新邵白云铺铅锌矿、高家坳金矿综合信息找矿模型如图 6-10 所示。

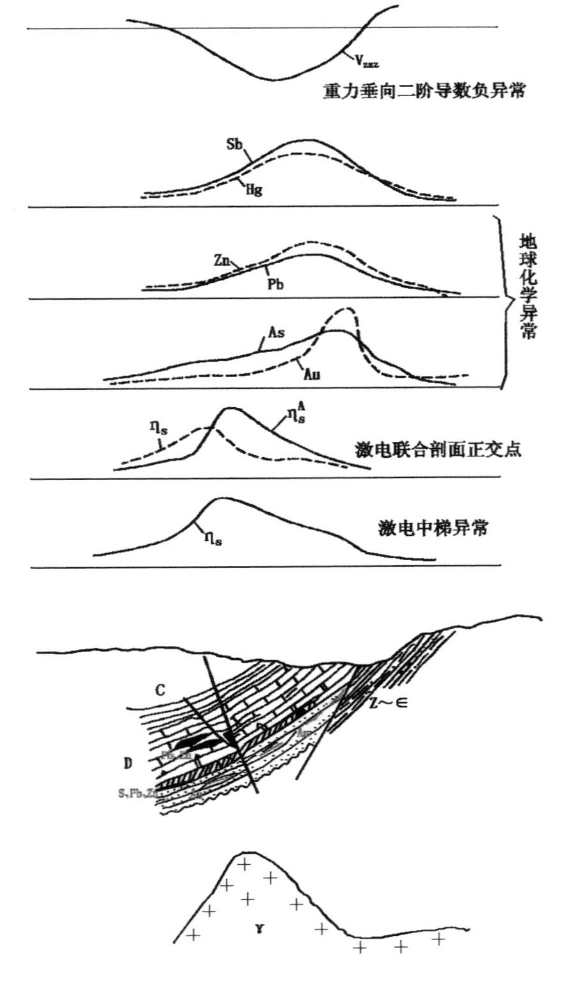

图 6-10　新邵白云铺铅锌矿、高家坳金矿综合信息找矿模型

6.3.8 锡矿山锑矿田幔—壳构造成矿模型及找矿模式

锡矿山被称为“世界锡都”，其累计探明储量占世界总储量的一半，接近中国总储量的一半，可保有的储量所剩不多。几十年来，前人为寻找第二个锡矿山做了大量的地质工作，积累了丰富的资料，但层状锑矿床的找矿工作一直进展不大。对锡矿山锑矿床的成因，研究人员从不同角度提出了多种理论、多种观点。本次工作根据区域地球物理、地球化学、深部构造地球物理成果资料，结合区域和矿田地质特征，对锡矿山式层状硅化岩型锑矿床成因进行探讨，构建了锡矿山锑矿床幔—壳构造成矿模型及找矿模式。

晚元古代至早古生代，雪峰、湘中南地区存在两个截然不同的大陆物源边缘，扬子陆块雪峰东南缘从晚震旦世至志留世形成了一套大陆边缘稳定型沉积，华南陆块湘中南震旦世至早奥陶世属大陆活动型边缘沉积。晚奥陶世随华南微板块向扬子微板块的俯冲—碰撞，完成了两古板块的统一，桃江—城步壳下岩石圈碰撞断裂带就是两古板块的拼接缝合带（又称板块边界断裂）。加里东期后，海西—印支构造层成为坐落在两古板块之上的沉积拼贴覆盖层。印支—燕山期由于菲律宾板块向西的俯冲牵动作用，诱发了华南微板块岩石圈楔形带继续向扬子微板块俯冲，这种俯冲作用主要发生在桃江—城步老的断裂构造伤痕线。在西部由于受扬子微板块雪峰刚性幔块的阻挡，壳下幔内挤压剪切作用加强，从而形成幔内剪切带。壳上沉积楔沿壳内韧性剪切滑脱面向北西仰冲，在湘中、湘西形成一系列逆冲推覆构造带和开阔的短轴褶皱。锡矿山锑矿田基底隆起在加里东碰撞造山作用形成的水下隆起雏形的基础上，进一步褶皱上隆，中泥盆世同沉积基底断裂（F_{75}）不断发展，强烈的构造变动及摩擦剪切生热，诱发了白马山、大乘山、新化壳源隐伏改造型花岗岩岩浆的产生，成为矿田附近深部新的“加热带”，在锡矿山矿田东部，有煌斑岩脉的贯入。岩浆在就地矿源层和围岩中吸纳了大量锑、砷、汞等成矿物质，富含挥发分和高金属离子的岩浆热液以及被淋活的含有机质高盐度的热卤水构成的地热流体，因泵吸作用，利用壳体地热差，循桃江—城步深断裂及其派生断裂（F_{75}等）系统通道组成的幔—壳传输系统形成地热环流，在浅部有大气降水的参与，成为多元混合流体，并带来围岩中的碳和钙。与碱金属结合的锑、砷、汞的络合物具有很大的溶解度，在运移中不断萃取围岩的成矿物质，当流体在F_{75}和煌斑岩脉之间运移至锡矿山短轴背斜中长龙界页岩遮挡层之下时，流体受阻成为滞流，形成局部成矿环流场，与化学性质活泼的泥盆系中统佘田桥组碳酸盐岩发生交代生成蚀变硅化（岩），随着减压和温度降低至300～100 ℃，氧逸度急剧增高，易溶的络合硫化物和H_2S分解，在层间破碎带、层间裂隙、层间虚脱空间和岩溶裂隙生成石英和辉锑矿的沉淀，在漫长的幔—壳构造演化中，形成多期、多阶段、多因复成中低温热液锑矿床。因为该类矿床与地壳—上地幔结构及板块构造演化紧密相关，属典型陆壳型幔—壳锑矿床。锡矿山超大型锑矿床在世界上是独一无二的，成矿环境和控矿地质条件或许也是独一无二的。

从矿田成矿模型可知，锡矿山锑矿田位于扬子微板块壳下岩石圈碰撞断裂带—华南块体边缘，处在一个波速、密度、电阻、地热场均有显著差异的地壳—上地幔块体拼接缝合带，以及巨大岩石圈、地壳的落差区，在长期构造变动中造就了该区地壳和上地幔一个弱化程度很高、深度极大的幔内韧性剪切带，极有利于壳幔物质侧向交换和成矿元素的富集，数千平方米的地球化学锑异常和矿田西南侧隐伏花岗岩带深部热源的存在，造就了锑的成矿优势区，它反映了超大型锑矿床形成的丰富的物质基础，因此可以说锡矿山锑矿田这种特殊的深部构造地球物理条件是形成超大型锑矿床的最本质的因素。

矿田模型所反映出的主要信息标志是，锡矿山锑矿田处在一个区域正、负磁场正、负剩余重力场的交接带偏正的重、磁场中，平面上为重力高。在以长龙界页岩为顶板的含锑硅化主矿层呈现低阻高极化，瞬变电磁激电地电断面可反映控矿构造的基本形态特征。矿田本身Sb、As、Hg水系沉积物异常中 Sb > 10^{-6} 的面积超过 1 000 km^2，Sb > 40×10^{-6}，As > 30×10^{-6}，Hg > 0.2×10^{-6} 的异常则反映了矿田的范围。隐伏锑矿（床）带有 Sb、As、Hg 土壤和岩石地球化学异常，Sb、As 地气和壤中汞气异常；锑矿体或硅化体上出现 Sr、Ba、Mn 的负异常；F_{75} 导矿断裂带出现 Sb、As、Hg、Cr、Sr、Ba、Mn 异常。矿床具明显的元素分带，自下而上为 Cr、As → Sb、Hg → Sr、Ba、Mn，这也是识别矿床剥蚀程度的标志。

6.3.9 沃溪钨锑金矿床

矿产地质标志：位于扬子微板块雪峰弧形隆起带向北西突出的转折部位，仙鹅抱蛋穹窿北东侧，呈反“S”形展布。出露地层为元古界板溪群浅变质碎屑岩，赋矿层位为板溪群中上段的紫红色绢云母板岩。

矿床产出部位：陆内造山带上的深大断裂旁侧及断陷盆地边缘。

沃溪断裂纵贯全区，走向北东东，延长在 15 km 以上，属逆冲断层，为区内主要控矿构造。容矿构造主要为层间断裂裂隙，矿层产状与地层基本一致。

金矿床类型主要为蚀变破碎带型。

矿体由石英脉带及蚀变板岩组成，受沃溪断裂下盘层间断裂带控制，按其形态、产状可划分为层间石英脉型、网脉型、节理裂隙脉型 3 类。

全矿床平均品位为 WO_3 0.43%、Sb 3.11%、Au 8.27 g/t。

矿种组合：W、Sb、Au，以 Au、Sb 为主。成矿元素具一定分带特征，中部 Sb、Au 较富，向两端变贫；西部钨铁矿增多，白钨矿减少。层间石英脉型一般为 W、Sb、Au 共生矿体，上下盘的网脉型矿体则多为 Au 或 W、Au 矿脉。金矿向深部矿化增强；锑矿具有中间富、两端贫的变化特点，倾向上较为稳定。钨矿沿走向呈跳跃式变化，沿倾向一般白钨矿多出现在矿脉的头部，往深部钨铁矿增多。锑、金之间总体呈正相关关系，钨、锑、金相关性不明显。

金属矿物主要为白钨矿、辉锑矿、自然金、黄铁矿，次为钨铁矿、毒砂、方铅矿、黄铜矿、黝铜矿、辉铜矿等；非金属矿物以石英为主，次有方解石、铁白云石及绢云母、伊利石、叶蜡石、高岭石、磷灰石、钠长石、重晶石、石墨等。矿石构造为条带状、角砾状、块状和网脉状等。金的产出形式为自然金，86.78%赋存在黄铁矿、辉锑矿中，11.61%赋存在石英、白钨矿、伊利石中，1.61%赋存在绿泥石、叶蜡石、方解石中。其中可见金和显微金占53.72%，主要赋存在黄铁矿、辉锑矿、白钨矿、闪锌矿、毒砂、石英等矿物中；次显微金占46.28%，主要赋存在矿物微裂隙内，或呈小圆球状、链状，赋存于载体矿物中。

围岩蚀变主要为褪色化、黄铁矿化、硅化、碳酸盐化、绿泥石化。其中褪色化、黄铁矿化与金矿化呈正相关，可作为重要找矿标志；若有黄铁矿化叠加，则矿化加强；硅化与金矿化关系不明显，但与钨锑关系密切，多位于近矿脉处；碳酸盐化与绿泥石化往往是矿体的尖灭、消失的标志。

地球物理标志：位于雪峰弧形重力高南缘内侧近东西向梯级带中，沩山—大神山隐伏花岗岩体重力低西北零值线附近，即隐伏大岩基西北端隐伏接触带上方，预示该区处于酸性岩浆活动带的前缘，有利于成矿。

6.3.10 渔塘寨铅锌矿床

矿产地质标志：矿区位于扬子微板块武陵拗褶区古陆边缘斜坡带，铜仁—渔塘寨—驻马庄同生区域深断裂为本区主要控矿断裂。容矿构造为层间断裂裂隙。

铅锌矿主要赋存于寒武系清虚洞组上段泥晶灰岩、藻礁灰岩中，矿体呈层状、似层状产出，大致呈等间距分布。单个矿体长10～1 575 m，宽101～100 m，厚0.48～16.98 m，含Pb 0.5%～2.43%，Zn 0.71%～5.08%，Mo 0.03%。

矿石化学成分主要为Pb、Zn，伴生Cd、Ag，微含Au。一般矿体下部Pb、Zn品位较高（2%～5%），中部相对较低（小于2%～3%），上部介于两者间；Zn ：Pb于矿区北部为10 ：1，南部则降为2 ：1，自北向南矿体具有 Zn 由高至低、Pb 由低至高的变化趋势。

矿石金属矿物主要为方铅矿、闪锌矿、彩钼铅矿，次为黄铁矿、褐铁矿，少见硫镉矿、白铁矿、白铅矿、铅矾、菱铁矿、硫锑铅矿、菱锌矿等；脉石矿物主要为方解石、白云石、重晶石、碳泥质物，次为萤石、硬石膏，少见沥青、斜长石、石膏、石英等。

矿石具它形—半自形粒状镶嵌结构、细粒结构、交代结构，浸染状、帽章状、缝合线状、块状和溶蚀角砾状构造。矿石类型主要为块状方铅矿和闪锌矿石，一般由它形细—粗粒状的单一方铅矿或闪锌矿集合体组成；方铅矿、闪锌矿混合矿石少见，具它形粒状镶嵌结构，块状构造，一般可见前者交代后者。

矿化蚀变：硅化、黄铁矿化。

地球物理标志：位于鄂湘黔重力梯级带中，表明区内有巨型深大断裂带的存在。西侧有大尺度重力低显示，推断深部有可能存在深层隐伏花岗岩体。

地球化学标志：主成矿元素 Pb、Zn 异常，伴生及相关元素异常或高背景有 Ag、Au、As、Sb、Bi（Cr、Ni、Co、Mo、Li、B）元素。

6.3.11　黄金洞金矿床

矿产地质标志：矿床位于扬子微板块幕阜—九岭元古界复背斜南西倾伏端与北北东向长平中生界断陷盆地复合部位。主要构造由北西西、北东向两组断裂及旁侧的次级倒转褶皱组成，金矿体受北西西向压扭性断裂破碎带控制。

区内未见岩浆活动，但矿区南西 8 km 连云山地区燕山期花岗岩极为发育。

赋矿层位为中元古界冷家溪群浅变质碎屑岩，矿体形态为受断裂构造控制的脉状，矿种组合为单一金，矿床类型为石英脉型。

已圈定由含金石英脉和破碎板岩组成的大小金矿体数十个，矿体长

40 ～ 450 m，厚 0.37 ～ 2.16 m，平均品位 1.6 ～ 17 g/t，其形态、产状、规模与断裂破碎带密切相关，且一般不超出断裂范围。

金属矿物成分为自然金、黄铁矿、毒砂、方铅矿、闪锌矿、黄铜矿、车轮矿、黝铜矿等；脉石矿物为石英、绢云母、白云石、绿泥石及少量长石。主要为自然金，根据粒度分可见金、微细粒金两类，以微细粒金为主。微细粒金粒径小于 0.01 mm，以固溶体、包裹体形式赋存在以毒砂、黄铁矿为主的晶体和晶隙中。

矿化蚀变有绢云母化、黄铁矿化、毒砂化、绿泥石化、硅化等。黄铁矿化、毒砂化与金关系最为密切。

地球化学标志：以 Au、Sb、W 区域地球化学异常为主，As 异常不明显。

第 7 章　成矿区带划分及远景区预测

7.1　构造—岩浆（岩）成矿带划分

7.1 1　构造—岩浆（岩）成矿带划分基本原则

对全省成矿区带进行划分，不是本书的任务。本书只是在原有基础上，尽可能为有关部门进行矿产勘查规划决策提供参考及工作部署提供依据。因此它只能是部分的、非系统的提炼。

利用地球物理、地球化学资料，划分本区构造—岩浆（岩）成矿带的基本原则：

（1）有连续或断续分布的“重低磁高”或重磁变异带反映的半隐伏—隐伏酸性、中酸性花岗岩带存在。

（2）有成群、成带的 Pb、Zn、Sn、W 等成矿元素及相关元素的区域地球化学异常（多元素集聚区），以及远程指示元素（Sb、Hg、As、F）和矿上指示元素（As、Ba、B、Mo）累加衬值异常的分布特征。

（3）铅锌锡钨等多金属矿床、矿化集中分布区（矿集区）。

（4）有利的控岩控矿断裂带及其配套构造赋矿有利地层。

7.1.2　构造—岩浆（岩）成矿带划分

以矿产地质和以重力为主所圈出的构造—岩浆（岩）带为基础，运用成矿系列思想和新的思路，尝试对全省有色多金属构造—岩浆（岩）成矿带进行新的划分。与成矿岩体有关的岩浆热液系列矿床成矿作用，其多金属矿床成矿距离和成矿范围随地质构造组合结构特征不同而有所差别，也很难给出一个确切的数据。地学研究者可以根据实践经验充分发挥自己的想象力和创造力。不同走向的成矿带，由于成矿时代的不同，以及成矿的多期次、多阶段性，会有矿种相互叠合、交互出现的情况。以往地学工作者在划分湖南有色多金属成矿带时，总是人为地将湖南从湘南开始到湘中再到湘西，依次划分为 W–Sn → Pb–Zn → Sb → Hg 的成矿分带，即从高温→高中温→中低温→低温矿床的成矿温度分带，这种划分方式长期以来束缚了人们的找矿思维，不利于创新开拓，而且往往会出现漏判和误判。

矿床的形成受大地构造制约，成矿地质背景决定了矿床成生种类，地质、地球物理、地球化学条件控制着矿床成矿构造环境。而控制矿床成矿的诸多因素中，岩浆热液成矿作用才是最关键、起决定作用的因素。为此，本书突破传统成矿区带划分观念，运用新的理论，汲取成矿系列思想，重新划分并优选了湖南省主要矿产构造岩浆成矿带。以华南微板块和扬子微板块及其板内构造块体分别定为Ⅰ、Ⅱ、Ⅲ级成矿区带，本书所划分的成矿带属Ⅳ级，亚带大体属Ⅴ级，相当于潜在矿集区。共划分构造岩浆成矿带 15 个，构造岩浆成矿亚带 5 个，构造成矿带 2 个。其中优选主构造岩浆成矿带 2 个：

北西向主成矿带 1 个，即锡矿山—大义山—郴州有色多金属构造岩浆成矿带（A 类）。

北东向主成矿带 1 个，即万洋山—骑田岭锡钨铅锌多金属构造岩浆成矿带（A 类）。

同时优选出以往成矿预测研究中，对深部地质内在联系研究不够，或者有所忽视的两个具有潜在矿产资源找矿远景的地区，特别提出来供研究。这两个成矿带如下：

（1）苗儿岭—渣滓溪—沩山—锡田金锑钨多金属弧形构造岩浆成矿带。该带西、北部正位于雪峰地块东南缘，与湘中地块西部韧（碎）性挤压推覆构造带分布一致，是韧、脆性剪切带型金锑钨矿床成矿最有利地区；该带东部与常德—安仁转换断裂带复合。弧形构造岩浆成矿带也是不同构造块体间、不同层次半隐伏—隐伏花岗岩体（基）焊接带，不同地层、不同类型构造式的交融，多阶段、多期次构造—岩浆热液成矿作用，造就了一个最优的金锑钨多金属成矿环境。目前已发现川口钨矿、司徒铺钨矿、板溪锑矿、渣滓溪金锑钨矿、铲子坪金矿等一批中大型矿床，该成矿带具有很大找矿潜力。

（2）连云山—东岗山金铜铅锌多金属矿构造岩浆成矿带。该带自东岗山—丫江桥—官庄—枨冲—蕉溪岭北北东向，到连云山—黄金洞转为北东东向，全长 230 km，宽 20 ～ 30 km。大体与九岭山—丫江桥俯冲碰撞断裂带平行，成矿带位于其上盘向南东推覆的九岭—衡东地块中，具金铜矿产资源潜在远景。

其他成矿带分列如下：

（1）北西向成矿带 2 个、亚带 4 个：

①临湘—幕阜山金钨多金属稀有金属构造岩浆成矿带。

②水口山—上堡—三都铅锌多金属构造岩浆成矿亚带。

③何家渡—黄沙坪—骑田岭铅锌多金属构造岩浆成矿亚带。

④嘉禾—香花岭锡铅锌多金属构造岩浆成矿亚带。

⑤后江桥—九嶷山—大东山锡钨铅锌多金属构造岩浆成矿带。

⑥羊角塘—常宁铅锌铜多金属构造岩浆成矿亚带。

（2）北北东—北东东向构造岩浆成矿带 8 个、亚带 1 个：

①攸县托背岭—锡田铅锌锡多金属矿构造岩浆成矿带。

②瑶岗仙—界牌岭钨锡多金属矿构造岩浆成矿亚带。

③汝城—桂东钨锡稀有稀土金属矿构造岩浆成矿带。

④道县韭菜岭—阳明山—塔山锡钨多金属矿构造岩浆成矿带。

⑤新宁越城岭—清水塘钨锡锑金多金属矿构造岩浆成矿带。

⑥九岭山—龙王排金铜多金属矿构造岩浆成矿带。

⑦龙山—东山峰铅锌多金属矿构造岩浆成矿带。该带目前资料不多，已有资料表明，区内铅锌矿床具明显层控改造型的特点，但该区地球物理、地球化学环境特殊，与渔塘寨铅锌矿完全不同，可能与火山沉积作用有关。它是一个具有矿产地质科研意义的新区，值得探索。因此，仍将龙山—东山峰铅锌多金属矿成矿带划归为与岩浆热液成矿作用有关的矿床。

⑧花垣—松桃铅锌成矿带。

⑨新晃—古丈—龙潭河汞成矿带。

（3）近东西向构造成矿带 2 个：

①雪峰弧形构造带北段（沅陵—桃江）金多金属矿成矿带。

②白马山—龙山金锑多金属矿构造岩浆成矿带。

7.2 远景区预测

矿产资源预测和找矿靶区优选是在划分成矿区带的基础上进行的。应用不同的成矿理论往往会得到不同的预测结果。如预测热液矿床，按岩浆热液理论和层控模式会得到明显不同的预测区。成矿预测理论主要有相似类比理论、综合信息找矿预测理论和地质条件组合控矿理论等。综合信息成矿预测方法较少受矿床成因理论的影响，更具客观性和实用性，因此很多地学工作者一直运用该方法。利用多元地学空间数据管理与分析系统（GeoExpl）开展矿产资源勘查区块优选，实际上是综合信息成矿、找矿预测应用的计算机化。

综合信息成矿预测理论以区域找矿综合信息标志为根据，建立不同目标、不同等级、不同性质的地质、地球物理、地球化学综合信息找矿模型，以地质目标为预测对象，如含矿控矿地层、含矿控矿构造、矿化蚀变带、岩体、矿体、矿床资源体、矿田、矿带等，研究不同性质目标地质、地球物理、地球化学信息关联，以直接信息为基础，查明直接信息和间接信息转化规律，利用有效的、最有代表性的关键信息标志，对目标（目的）矿产资源体分布进行预测。

勘查区块的圈定实际上是成矿预测目标的具体化。

根据地质、地球物理、地球化学、遥感地质异常，判断矿产资源可能赋存的地区，利用已知矿田（床）异常类比未知相似异常，研究探索尚未发现的新类型矿床。

根据综合信息标志，预测多金属矿产资源集聚区，并圈出找矿靶区，是基于预测地质目标与重磁、地球化学等异常存在直接或间接关系，可指示潜在矿田（床）矿产资源体的存在。

为提取预测地质目标有效信息标志，学习最新成矿地质理论，优选找矿靶区。

7.2.1 勘查区块圈定原则及依据

1. 勘查区块圈定的主要依据

（1）“重（力）低磁（力）高”是钨锡为主的岩浆热液型多金属矿床的典型地球物理标志，往往位于局部重力负异常中，伴有 W、Sn、Bi 地球化学异常。

（2）铅锌矿床多数分布在局部正负重力异常之间及正负相伴异常或磁场跃变区或重磁变异带，并有相互套合或独立出现主成矿元素 Pb、Zn 异常带，相关或伴生元素 Ag、Au、Sb、As 异常带。

（3）锑金钨矿床多数分布在局部重力负异常零值线附近偏正值一侧或重磁正异常的边部，有单独 Sb、Au、W 或组合地球化学等异常。

（4）各种类型的金属矿床分布一般与陡的重磁梯级带有密切关系，当有成矿元素地球化学异常出现时，直接指示了某些金属矿床的存在。

（5）区域磁异常反映的巨型磁性块体分布区是各类金属矿床的高度聚集区，当出现有利的成矿控矿地层、控矿岩体、控矿褶皱构造或控矿断裂以及重力低反映有隐伏花岗岩体存在，并有成矿元素地球化学异常或矿上、或远程指示元素地球化学异常显示，是潜在矿田矿产资源最佳集聚区。

（6）不同深度层次、不同等级规模的垂向二阶导数重力负异常和航磁异常呈连续有规律的、方向明显的条带状、串珠状分布，指示了构造岩浆（活动）岩带的展布方向和走向，是划分和预测岩浆热液型多金属矿床成矿（区）带的主要依据，当局部地质异常或地球化学异常吻合时，成矿条件最为有利。

（7）成矿地质条件有利，单一的或多目标地质异常（如含矿控矿地层、含矿控矿构造、矿化蚀变带、岩体等）与成矿地球物理、地球化学环境吻合，异常相互套合，是最具有矿田（矿床）资源潜力的地区。

2. **勘查区块圈定的基本原则**

（1）探矿权、采矿权设置情况，凡是已经登记探矿权、采矿权的地区，除非周围物探化探等综合信息显示有特别优越的成矿地质条件，有可能发现新的中大型矿床的，一般均不再作为勘查区块优选的目标。

（2）地表发现矿化蚀变等地质异常，成矿地质条件好，又有重力异常反映的高侵位隐伏花岗岩体存在，并有地球化学或航（地）磁异常相互套合的地区，应作为优先圈定的勘查区块。

（3）尽管地表未发现矿化蚀变等地质异常，但有重力异常反映的高侵位隐伏花岗岩体存在，并有矿上或远程指示地球化学异常显示具备隐伏多金属矿床找矿的潜力的地区，将作为新发现的潜在矿产资源远景区重点考虑。

（4）成矿地球化学元素和半隐伏、隐伏花岗岩体的存在，是圈定找矿远景区的首要条件。在控矿地层、控矿构造（断裂）带及其附近有成矿及其相关元素地球化学异常显示；虽然无重磁异常显示隐伏花岗岩体的存在，也没有出露有利的地质异常，但地球化学异常元素组合好，可能有新类型矿化存在的地段。

（5）模型类比，比较综合信息标志与已知典型矿床找矿模型的相似程度，以确定找矿区块的优劣等级。

7.2.2 勘查区块分级准则

为便于综合信息找矿区块的集中管理，对勘查区块的优劣进行分级排序，根据矿产地质、地球物理、地球化学标志信息，按成矿条件有利度将优选区块分为3类。

A类：有与已知矿田（床）类似的综合信息找矿标志，为多元素地球化学异常或矿床（化）集聚区，重力显示有高侵位隐伏花岗岩体存在，已发现有进一步工作价值的矿床（点），成矿地质条件极为有利，有找到大、中型矿床的潜力。

B类：位于有色金属、贵金属成矿区，或构造岩浆成矿带，或含矿层位（岩系）中，重力显示有高侵位隐伏花岗岩体存在，有局部弱磁异常或多元素组合地球化学异常，有已知矿床（矿化点）分布，成矿地质条件较为有利，有找到中、小型矿床的希望。

C类：位于有色金属、贵金属成矿区，或构造岩浆成矿带，或含矿层位（岩系）中，有零星多元素组合地球化学异常或单元素异常、或局部弱磁异常，有一定找矿前景。

7.3 勘查区块优选

根据矿产组合特点，划分锡钨、铅锌、金锑多金属矿、镍钼钒、稀有稀土矿床等5组矿产，分矿种矿组研究已知矿床的控矿因素、成矿控矿地质条件、成矿规律，建立矿田（床）综合信息预测模型。

根据综合信息成矿预测要素解释图系，首先研究综合信息成矿预测基本要素间相互组合关系，研究浅表部地质异常与重磁异常圈定的隐伏花岗岩体、隐伏深断裂带和地球化学异常分布特征，研究这些异常在构造岩浆成矿带中的“地位”，同时研究矿床集聚区和异常密集区的信息之间转换规律，应用异常密集区预测矿床集聚区。根据综合信息成矿、找矿预测模型，利用GeoExpl平台，进行综合信息矿带、矿田（床）的空间分析和矿产资源成矿、找矿预测，优选并圈定勘查区块。

根据地质、地球物理、地球化学标志信息特征，矿产地质研究程度，优选出3个层次、不同级别、不同等级规模的主要潜在矿产资源找矿远景区 16 个、重点找矿靶区（矿产资源体潜在地段）8 个，具有深部找矿前景的重点矿田 11 个。

7.3.1 主要潜在矿产资源找矿远景区

根据构造岩浆成矿规律，对潜在矿产资源找矿远景区进行了预测，在Ⅳ级构造岩浆成矿带中，优选出以下主要潜在矿产资源成矿远景区：

（1）攸县托背岭—天子山地区铅锌多金属成矿远景区（A 类）。

（2）龙山龙潭坪—里耶铅锌多金属矿成矿远景区（B 类）。

（3）江永夏层铺—江华白芒营铅锌多金属成矿远景区（B 类）。

（4）道县清塘镇地区锡多金属矿成矿远景区（B 类）。

（5）大义山地区锡钨多金属成矿远景区（A 类）。

（6）零陵东湘桥—大庆坪铅锌多金属成矿远景区（B 类）。

（7）浏阳枨冲—醴陵官庄金铜多金属成矿远景区（B 类）。

（8）茶陵县邓阜仙地区钨多金属成矿远景区（A 类）。

（9）临湘桃林—虎形山地区金钨多金属成矿远景区（A 类）。

（10）长沙县福临铺—丁字镇地区锡多金属成矿远景区（B 类）。

（11）宁乡市沩山地区锡多金属成矿远景区（B 类）。

（12）永州市阳明山地区锡多金属成矿远景区（B 类）。

（13）攸县丫江桥地区钨锡多金属成矿远景区（B 类）。

（14）茶陵县鼓石锡多金属成矿远景区（A 类）。

（15）衡东县白莲寺地区钨锡多金属成矿远景区（A 类）。

（16）湘潭县芙蓉寨—杨家桥铅锌金多金属成矿远景区（B 类）。

7.3.2 具有深部找矿前景的重点矿田

矿田深部找矿是指在已知矿田中已知矿床或开采矿山的深部和周围寻找尚未发现的隐伏矿体，或者寻找和追索已知矿体的延深带。

此处对矿田的含义界定如下：在同一构造地质环境，相同或相类似的成矿作用下所形成的系列矿床组合，彼此有成因联系的矿床集聚区。

本书通过对已知矿田（矿床）成矿地质地球物理地球化学环境、成矿规律、成矿条件、综合信息找矿标志进行综合研究分析，认为凡符合以下条件的矿田，具备深边部矿产资源的找矿潜力。

（1）有重力低反映的隐伏中酸性—酸性花岗岩大岩基或岩体群存在，或航磁异常显示的巨型磁性块体及多元地球化学异常显示的巨型地球化学块体分布区。其中隐伏花岗岩大岩基的存在，是首要的、最关键的指标。

（2）多数浅表部已出露或发现多期次、多阶段成矿、含矿岩体。

（3）位于主构造岩浆成矿带中，矿床、矿化点密集成群，矿床类型较齐全，含矿物质组分复杂。

（4）反映从高温到低温的多元素地球化学异常密集成群，或者有隐伏多金属矿床的远程、矿上元素前缘晕指示，或者和控矿构造、控矿地质异常相互套合，显示矿田水平、垂直矿化分带趋势，有发现岩浆热液成矿系列缺位矿床的基本条件。

限于预测信息尺度、密度、精度和有效性，还不能对矿田中未知矿床资源体进行空间定位。本书根据综合信息找矿标志特征，结合已知矿山开采和深边部找矿勘探实践，预测六处重点矿田具备深边部矿产资源的找矿潜力。

（1）常宁市大义山锡多金属矿田（A类）。

（2）桂阳县（黄沙）坪宝（山）铅锌多金属矿田（A类）。

（3）宜章县瑶岗仙—界牌岭钨多金属矿田（A类）。

（4）茶陵县锡田钨锡多金属矿田（A类）。

（5）茶陵县邓阜仙钨锡多金属矿田（A类）。

（6）新邵县龙山锑金多金属矿田（A类）。

7.3.3 重点找矿靶区（矿产资源体潜在地段）

在1 ：5万矿产地质调查基础上，优选了一批重点找矿靶区，可以直接开展矿产普查：

（1）桂阳县猫仔山剪切脉带型锡矿（13–A9）。

（2）常宁市花山岭云英岩化破碎带型锡矿（13–A1）。

（3）常宁市狮形岭云英岩脉型锡矿（13–A2）。

（4）桂阳县灰山坪云英岩化岩体型锡矿（13–A3）。

（5）桂阳县台子上岩体型锡矿（13–A4）。

（6）桂阳县铜丝岭云英岩脉型锡矿（13–A5）。

（7）桂阳县白沙子岭云英岩脉型锡矿（13–A6）。

（8）桂阳县藤山坳锡矿（13–A7）。

（9）桂阳县万金窝锡矿（13–A8）。

7.4 矿产资源勘查重点区块评述

7.4.1 重点成矿远景区（带）

1. 锡矿山—大义山—郴州有色多金属构造岩浆成矿带（A类）

锡矿山—大义山—郴州有色多金属构造岩浆成矿带，受锡矿山—大义山—郴州—大宝山北西向断裂带控制，是斜穿湖南中部的一条最重要构造岩浆成矿带，它阻断了白马山—龙山、越城岭—关帝庙、韭菜岭—阳明山—大义山北东东—近东西向构造岩浆隆起带的东延，异常密集区出现在北西向构造与北东、东西向或南北向构造的复合部位大乘山—龙山、关帝庙—鸡笼街、羊角塘、铜鼓塘、阳明山—大义山、雷坪—洋市、曹家田、王仙岭、瑶岗仙地区。这些地区以往矿产地质工作程度相对较低，应以寻找隐伏矿床为主，有可能成为有色贵金属矿产资源潜在聚矿区。

2. 万洋山—骑田岭锡钨铅锌多金属构造岩浆成矿带（A类）

郴桂重（力）低磁（力）鼻状突起，与三都—香花岭锡钨铅锌多金属构造岩浆成矿带相交处，异常和矿床密集区，反映了三都、金银冲、坪宝、香花岭四个呈北西向斜列式、大致等距排列的次级构造岩浆成矿带的分布，指示了已知和潜在多金属矿产资源的存在。本带矿产地质工作程度很高。

3. 雪峰弧形构造带北段金多金属矿构造成矿带（A 类）

（1）矿产地质简况。雪峰弧形隆起带总体为一巨型复式背斜，冷家溪群、板溪群震旦系组成雪峰山复背斜隆起带主体。岩性为一套含大量火山物质的浅变质碎屑岩，局部含基性、超基性熔岩，冷家溪群系湖南最老的褶皱基底。板溪群下部马底驿组是该区重要的含矿层位。寒武、奥陶、志留系分布于南翼，侏罗、白垩系陆相碎屑岩分布于断陷盆地中或沿大断裂带零星分布。本区深大断裂十分发育。北西向的有常德—安仁转换断裂构造带，近东西向的有沅陵—桃江深断裂带，北东向的有桃江—城步壳下岩石圈碰撞断裂带、安化—溆浦深断裂等。区内花岗岩主要有桃江岩体、岩坝桥岩体、沧水铺岩体、沩山岩体、芙蓉岩体以及大神山岩体。其中沩山岩体、芙蓉岩体、大神山岩体与白钨矿化关系密切。本区为湖南省重要金、锑、钨成矿带。区内已发现大型金锑钨矿床 1 处（沃溪），大型锑矿床 2 处（板溪、渣滓溪），中型金、锑、钨矿床（点）百余处，探明金锑总储量占全省三分之一。

区内内生金属矿床比较简单，以金锑为主，其次为钨矿及少量铜、铅锌、硫铁、锰、石煤、钒矿等。根据金锑钨矿共生关系和产出特征，区内内生金锑钨矿可分为 7 种类型：金锑钨、钨锑、钨金石英脉；含锑、含金、含钨石英脉及矽卡岩型白钨矿。

预测区范围：经度 110°15′00″—112°30′00″，纬度 27°55′00″—29°10′00″。

（2）选区依据及理由。

①雪峰弧形隆起带金锑（钨）矿化很普遍。在雪峰弧东西向（沅陵—益阳段）成矿带有百余个金锑（钨）矿床（点），是金锑（钨）矿集聚区。区内已发现多个大中型金、锑、钨矿床。

②该区含丰富火山物质的冷家溪群和板溪群马底驿组是金、锑、钨矿的主要赋矿地层，为金矿成矿和富集提供了物质来源。

③构造活动强烈，3 条北东向韧性剪切推复（深断裂）带，在本区呈收敛之势，并与北西向的安化—安仁深断裂带交汇，为金锑深层成矿物质提供了上渗通道。

④在雪峰弧形隆起带南侧，岩浆活动强烈，重力资料推断有 5 处浅层隐伏高侵位花岗岩体，并在深部与沩山、芙蓉、大神山、桃江、岩坝桥各个岩体分别相连，岩浆作用为成矿元素活化迁移和富集提供了矿源和热源。

⑤ Au、Sb、W、Pb—Zn、Ni—V 成矿元素地球化学异常范围大、强度高，与已知矿化吻合好，尚有一批有找矿意义的异常没有检查。区内 B-Ba、La—Li、Th—Ti、Zr、Cr、Co 累加衬值地球化学异常，反映了本区是一个古火山活动强烈、复杂、特殊的古沉积环境；Au—Cu 显示了深（幔）源物质的渗入，均有利于金矿的形成和富集；远程指示元素 Sb、Hg、As、F 累加衬值地球化学异常的出现以及不同层次大规模隐伏花岗岩体（基）的存在，表明区内具备深层隐伏矿床的找矿前景。近几年找矿新发现、新进展都表明了该区具有较好的找矿前景，因此建议将该区作为湖南省继湘南成矿远景区之后的又一个找矿远景区，系统开展区域矿产调查。

7.4.2 主要潜在矿产资源找矿预测区

1. 锡钨勘查区块优选

湖南钨锡矿床均与印支、燕山期陆壳改造型花岗岩类有关。根据矿床产出部位、控矿构造和矿体形态等，湖南钨锡矿床主要类型划分如表 7-1 所示。

表 7-1　湖南钨锡矿床主要类型划分表

矿床类型	产出位置	控矿构造	矿体形态	矿化蚀变	矿床（体）实例
蚀变花岗岩型	一般产于成矿岩体上隆部位	节理裂隙带	壳状体或不规则面状体	钠化 云英岩化 黄玉化 绿泥石化	大义山锡矿、骑田岭岩体型云英岩锡矿等
矽卡岩型	岩体接触带	接触带	不规则似层状	矽卡岩化 大理岩化 绿泥石化	郴州柿竹园钨多金属矿、新田岭钨矿等
矽卡岩—构造蚀变带复合型	岩体中	有碳酸盐岩块体的断裂带	大脉状 透镜状 似层状	矽卡岩化 绿泥石化 硅化	郴州白腊水 19 号锡矿脉
构造蚀变带型	岩体内、外	断裂	大脉状 透镜体	绿泥石化 云英岩化 绢云母化	宜章麻子坪锡矿等
脉状锡石硫化物型	岩体外	断裂、裂隙	脉状、透镜状	绿泥石化 碳酸盐化	宜章香花岭锡矿等
石英脉型	一般产于构造隆起带或岩体内、外接触带	断裂、节理裂隙	大脉状	云英岩化 绢云母化 绿泥石化	瑶岗仙钨矿、汝城白云仙钨矿等

注：据湖南省地质研究所《湖南省重要成矿区带主要矿种成矿预测研究》资料改编。

由表 7-1 可知，其中最为重要、最具代表性的矿床为柿竹园超大型钨、锡、铋、钼多金属矿床和瑶岗仙大型黑钨矿床。因此，矽卡岩型和石英脉型以及产于岩体中的与构造蚀变带有关的锡多金属矿床仍然是主攻类型。

根据综合信息标志，采用找矿模型类比法，即矿田（矿床）相似类比法筛选锡钨勘查区块共计 35 处。

A 级 15 处，包括 4–A、5–A、6–A、13–A（13–A1、13–A2、13–A3、13–A4、13–A5、13–A6、13–A7、13–A8、13–A9）、21–A 和 26–A。

B 级 11 处，包括 1–B、2–B、3–B、11–B、12–B、14–B、17–B、18–B、19–B、23–B 和 24–B。

C 级 9 处，包括 7–C、8–C、9–C、10–C、15–C、16–C、20–C、22–C 和 25–C。

2. 铅锌勘查区块优选

湖南铅锌矿床主要有两大类，即与燕山期中酸性、酸性浅成—超浅成成矿岩体有关的岩浆期后热液铅锌矿床，沉积—改造型热水叠加层控铅锌矿床。前者简称岩控铅锌矿床，可进一步细分为 3 个亚类，后者按成岩成矿时代也可分 3 个亚类（表 7–2）。

表 7–2　湖南铅锌矿床主要类型划分表

矿床类型		矿床产出位置	矿床实例
岩控型热液铅锌矿床	接触交代型铅锌矿床	产于中酸性成矿小岩体与碳酸盐岩接触带附近的有利构造部位，成矿作用以交代作用为主	黄沙坪、宝山、大坊、常宁水口山等
	断裂—裂隙充填型铅锌矿床	产于与成矿岩体相距较远的外接触带碳酸盐岩容矿断裂中，成矿作用以充填作用为主	郴县东坡山、横山岭、柴山、临武新风等
	构造破碎带型铅锌矿床	与酸性、中酸性岩浆岩有成因联系，产于浅变质碎屑岩及花岗岩类岩石中，受容矿断裂控制，成矿作用以（中温热液）充填为主	郴县铁石垅、红旗岭、野鸡窝、枞树板、炮金山、桃林等
沉积改造热水叠加型（岩浆热液、海底喷流、古地热流）层控铅锌矿床	震旦系上统陡山沱组	产于扬子微板块雪峰地块边缘震旦系上统陡山沱组中的黄铁铅锌矿床	董家河黄铁铅锌矿等
	寒武系下统清虚洞组	产于扬子微板块武陵地块寒武系下统清虚洞组、奥陶系下统南津关组中的铅锌矿床	渔塘寨等
	泥盆系中统棋棒梓桥组	产于华南微板块加里东—印支构造岩浆隆起带边缘泥盆系中统的铅锌矿床	道县后江桥、玛瑙山等

根据综合信息标志，采用找矿模型类比法，即相似类比法筛选铅锌勘查区块，共计 43 处。

A 级 10 处，包括 5–A、6–A、7–A、11–A、18–A、22–A、32–A、36–A、41–A、43–A。

B 级 7 处，包括 1–B、2–B、13–B、20–B、27–B、37–B、42–B。

C 级 26 处，包括 3–C、4–C、8–C、9–C、10–C、12–C、14–C、15–C、16–C、17–C、19–C、21–C、23–C、24–C、25–C、26–C、28–C、29–C、30–C、31–C、33–C、34–C、35–C、38–C、39–C、40–C。

3. 主要锡钨铅锌（金铜）矿产资源找矿预测区（带）综述

本报告通过对比分析地质、地球物理、地球化学标志信息特征，对以往相对不够重视或者尚未认识到的具有潜在矿产资源找矿前景的远景区作概略评述。传统的找矿远景区，一般只提名不讨论。

（1）攸县托背岭—天子山地区铅锌多金属找矿远景区（A 类）。

①矿产地质简况。预查区位于武功山加里东褶皱隆起带与罗霄山海西印支凹陷带的接合部位，郴州—茶陵—吉安—江山区域性大断裂带的转折处，北东东断裂带南侧角岩化、硅化、糜棱岩化构造蚀变强烈。预查区南部有邓阜仙复式花岗岩体出露，与 W、Sn、Nb、Ta、Pb、Zn 等成矿作用有关的岩浆岩为燕山晚期花岗岩体，已勘探评价的有湘东钨矿、金竹垅钨矿、铌钽矿，大垅铅锌矿等。北东有银铅矿，毗邻江西境内有钨铜矿产。泥盆系上统茶陵式沉积变质铁矿分布于本区东南及北部。

预查区范围：经度：113°41′00″ ～ 113°52′00″，纬度 27°07′00″ ～ 27°25′00″。

②选区依据及理由。

a. 成矿地质条件良好，该区处在郴州—茶陵—吉安区域性大断裂带的西侧，构造极其复杂，有与坪宝铅锌多金属矿田类似的大地构造地质背景及成矿控矿地质条件，有望找到受构造控制的硅化破碎带型及受当冲、栖霞、石磴子组等层位控制的黄沙坪、宝山式铅锌银多金属矿床。

b. 区内发现大范围 Pb、Zn、Ag、Cu、Cd、Sn、Bi 等成矿元素综合异常，及远程指示元素（Sb、Hg、As、F）和矿上指示元素（As、Ba、B、Mo）累加衬值异常。与地球化学异常套合的有重力垂向二阶导数负异常反映的高侵位隐伏花岗岩体的存在，并在浅中、深层位存在与邓阜仙复式花岗岩体相连的巨大隐伏花岗岩基（带），为该区成矿提供了岩浆热源、矿源条件。航磁△T异常出现在隐伏花岗岩基（带）上方，为隐伏花岗岩体外壳层热液蚀变的产物，磁性矿物的集聚与硫化多金属矿物的富集有密切联系。综合信息显示该区成矿地质、地球物理、地球化学条件优越，有望成为一个潜在的隐伏多金属矿田。

在工作区东北部江冲、大陂头两处Pb—Zn—As和磁异常，面积均可达1.4 km^2，异常区出露地层岩性为栖霞组、壶天群碳酸盐岩，褶皱、断裂构造发育，并发现辉绿闪长玢岩岩脉，成矿条件有利，但未进行检查评价。

c. 托背岭—天子山重点找矿远景区，矿产地质工作程度很低，所发现的有找矿意义的物探化探综合异常找矿前景很好，根据本区矿产地质特征分析，预测铅锌多金属矿（化）大体符合宝山铅锌银多金属矿成矿模式和找矿模型，主要为全隐伏，全区属新的成矿远景区，部署预查找矿十分必要。

（2）龙山龙潭坪—里耶铅锌多金属找矿预测区（B类）。

①矿产地质简况。预测区位于扬子地块东侧边缘带，东山峰—龙山加里东复式背斜之中西段。背斜核部由寒武系组成，两翼为奥陶系，走向北东转北东东向。背斜南东翼与一系列北北东—北东向复式向斜呈斜列式接触，形成裙边式褶皱，单个向斜开阔，向斜轴部为三叠系，两翼为志留系，缺失泥盆、石炭系。向斜间为寒武、奥陶系组成的紧闭型背斜。铅锌矿（化）分布在复式背斜东南翼和盐井—首车背斜及红岩溪—比耳背斜中。赋矿层位为寒武系下统清虚洞组及奥陶系下统南津关组，其次为寒武系上统三游洞群和耗子沱群。已发现矿（化）点76处。大多属产于碳酸盐岩层中的似层状、层状型铅锌矿，少量为脉型（重晶石硅化脉、方解石

和石英脉）铅锌矿，另有产于陡山沱组中的锑矿和寒武系中统的汞矿。三叠系上统巴东组钙质粉砂岩中的含铜砂岩型铜矿有 13 处，但矿体变化大，品位低，无远景。

②选区依据及理由。

a. 本区位于鄂湘黔北北东向深断裂带西侧，与郴州—大义山—锡矿山—沃溪—桑植北西向控岩控矿断裂带的复合部位，处在华南（湘粤）内生多金属构造成矿带北西延伸部分，该成矿带集聚了华南（湘粤）地区 46.7% 的中大型和 100% 的超大型矿床，如沃溪、锡矿山、水口山、柿竹园、黄沙坪—宝山、瑶岗仙、界牌岭、香花岭、新田岭、砖头坳、凡口、大宝山等大型—超大型矿床（田），成矿地质条件有利。

b. 区内有大范围 Pb、Zn、Ag、As、Cd 综合异常，呈北东向展布，分为 3 带：北西带长 34 km，宽 4 km；中间带长 80 km，宽 4 ～ 8 km；南东带长 20 km，宽 4 km。与该异常带套合的 Li 异常、B 异常、F 异常、P 异常、MgO 异常等构成一个特殊的地球化学环境区，与古火山沉积作用有关，对寻找火山沉积类矿床有利。异常分布区发现铅锌矿（化）点 76 处，地表矿化虽只有 26% 的矿化点有经济意义，但该区异常范围大，矿化普通，深部有望找到矿化富集带。

c. 地球化学异常分布区有重力垂向二阶导数负异常显示，推断为中浅层（5 ～ 6 km）和中深层（10 ～ 20 km）隐伏花岗岩基的反映，为该区成矿提供了岩浆热源、矿源条件。

d. 区内 20 世纪五六十年代，地矿、有色系统地质队在该区进行了矿产踏勘检查，个别矿点作到初步普查，总体全区矿产地质工作程度很低，需要通过地球化学、地球物理资料提供的综合信息，重新认识本区的成矿、找矿意义，用新的思路部署新一轮预查找矿工作。

（3）江永夏层铺—江华白芒营铅锌多金属找矿预测区（B 类）。

①矿产地质简况。预测区位于道县—河路口南北向海西—印支拗陷复式褶皱带中部，白芒营—铜山岭—夏层铺一带。西边岭—河路口背斜中北

部及江永—石枧复背斜中北部，背斜轴部由泥盆系中统跳马涧、棋子桥组组成，走向南北向或北东东向。向斜轴部为泥盆系下统。南北、北北东、北东向断裂发育。铜山岭花岗闪长岩岩株在南北和北东向构造的复合部位，围岩以泥盆、石炭系碳酸岩为主。岩体与内生金属矿床成矿关系密切。区内主要为接触交代型和中温热液铜、铅锌、铋、银、黄铁矿矿床及磁铁、钨等矿床。有中型铅锌、锑、钨多金属矿 3 处，大型银矿 2 处，小型铜矿及铁、铜铅锌、铋矿点 17 处，风化淋滤铁帽型褐铁矿 4 处，锑矿 3 处。

②选区依据及理由。西边岭—河路口背斜及江永—石枧复背斜发现 Pb、Zn、Ag 综合异常，神经网络 Pb、Zn 异常，W—Sn—Bi 累加衬值异常，及 Sb、Hg、As、F 远程指示元素和 As、Ba、B、Mo 矿上指示元素累加衬值异常。异常基本相互套合。除铜山岭、河路口地区反映了已知矿床的分布外，其他异常分布区有望发现新的经济矿床。

③西边岭—河路口背斜北段有枇杷所—沱江北东向控矿断裂带控制的锑矿、褐铁矿是寻找隐伏硫化多金属矿床的重要指示。产于锡矿山组下段白云质灰岩中的硅化破碎带有 10 余条，7 条主矿。破碎带长 2 km，宽 1 km。断裂带东北段发现产于跳马涧组砂岩破碎带中的由原生黄铁矿氧化淋滤的褐铁矿点 4 处，TFe 51.32 ～ 60.00%，含 Pb(0.043 ～ 0.2%)、Zn（0.06 ～ 0.7%）、Cu（0.004 ～ 0.03%）、As（0.074 ～ 0.15%）。主要热液蚀变有硅化、绢云母化、绿泥石化、黄铁矿化等。地表矿化蚀变信息指示了隐伏硫化多金属矿床的存在。

④地质、地球物理、地球化学综合信息显示本区具备了寻找隐伏多金属矿床的良好前景。多年来该区以往矿产地质工作集中在铜山岭一带，投入巨大，但在铜山岭外围，特别是南部和南西部工作程度很低，建议立项开展矿产预查，寻找新的矿产地。

（4）道县清塘镇地区锡多金属找矿预测区（B 类）。

①矿产地质简况。预测区位于道县—河路口南北向海西—印支拗陷复

式褶皱带北部，坪地尾北西向向斜与头节峰北东向短轴背斜之间的鞍部，出露地层以泥盆系上统为主。西部为都庞岭北东向构造岩浆隆起带，背斜、隆起带轴部由寒武—奥陶系组成，向斜轴部为石炭系下统岩关阶。东西两侧被北北东向逆冲断裂带所围限，西部 8 km 处出露燕山早期黑云母花岗岩体。区内尚未发现矿（化）点。

预测区范围：经度 111°25′13″，纬度 25°35′37″；经度 111°31′36″，纬度 25°31′55″；经度 111°27′09″，纬度 25°26′19″；经度 111°21′03″，纬度 25°29′56″。面积：83 km^2。

②选区依据及理由。

a. 道县清塘镇地区发现明显 W、Sn、Bi 累加衬值异常，面积达 83 km^2，As、Ba、B、Mo 矿上指示元素累加衬值异常和 Sb、Hg、As、F 远程指示元素及弱的神经网络 Pb 异常，异常相互套合，显示埋藏较浅的隐伏锡多金属矿床的存在。

b. 西部反映都庞岭北东向花岗岩带的重力低异常延至预查区，推断区内西北部存在高侵位隐伏岩体，并且隐伏岩体有可能与泥盆系碳酸盐岩地层直接接触，具备了形成接触交代型锡钨多金属矿床的成矿地质条件。

c. 预测区西南韭菜岭花岗岩体外接触带有航磁 ΔT 异常，属高山顶部异常，由于当时数据采集飞行高度超高（最高达 2 009 m），本区地势低，有可能漏掉弱的航磁异常信息，但地面磁测有可能发现异常。

d. 本区地质矿产工作程度很低，地质、地球物理、地球化学综合信息显示本区具备了寻找矽卡岩型和构造蚀变带—交代充填型隐伏锡多金属矿床的良好前景。

（5）湖南省常宁市大义山锡钨多金属矿田找矿预测区（A 类）。

①矿产地质简况。预测区位于水口山—临武南北向海西—印支褶皱带、阳明山—塔山东西向加里东构造—岩浆隆起带和锡矿山—大义山—郴州北西向控岩控矿断裂带多组构造的复合部位。核部由北东向震旦、寒武系地层组成的泗洲山短轴背斜，是南北向褶皱构造的主轴，翼部泥盆系中

统不整合其上，北部与北西向大义山复式花岗岩体呈侵入接触，并与西部东西向塔山花岗岩体呈大角度相交，构成多组构造复合的复杂图像。岩体与内生金属矿床成矿密切。区内矿产丰富，有锡、钨、铜、铅锌、硼、锑等矿床。主要矿床类型有接触交代矽卡岩型锡（铜）矿、构造蚀变带型和蚀变岩体型锡矿及产于碳酸盐岩、碎屑岩中的裂隙充填型铅锌、锑多金属矿。

预测区范围：经度 112°23′50″～112°48′13″，纬度 25°55′52″～26°23′44″。

②选区依据及理由。

a. 该区 Sn、W、Mo、Be、Bi、Pb、Zn、Ag、Cu、Cd、B、F、As、Li、Nb、U、Th 多元素水系沉积物综合异常，异常范围大，强度高，组合好。复杂的成矿元素组合反映了成矿的多期性，尚未查证的异常是发现新矿床的重要线索。

b. 围绕大义山花岗岩体内外接触带有航磁 △T 局部异常，计有 C-73-32、C-73-31、C-73-34、C-77-233、C-73-27、C-73-19、C-73-20、C-77-38 等航磁异常，强度 40～220 nT。异常与含硼镁石磁铁矿矽卡岩、含锡钨矽卡岩、含铜锡矽卡岩、磁铁矿化及磁黄铁矿化矽卡岩，为多金属矿找矿提供了间接信息。

c. 郴州—大义山—锡矿山—沃溪—桑植北西向控岩控矿断裂带通过本区中心，该成矿带集聚了湖南多数大—超大型矿床，如沃溪、锡矿山、水口山、柿竹园、黄沙坪—宝山、瑶岗仙、界牌岭、香花岭、新田岭、砖头坳等大型—超大型矿床（田），成矿地质条件有利，在大义山岩体北部蓝田铺附近与大义山隐伏深断裂带交汇处，有白马山—邵阳—羊角塘（留书堂）北西向分支隐伏断裂带，控制了铲子坪金矿、留书堂铅锌矿、铜鼓塘铜矿床的分布。

d. 大义山花岗岩体为多期次侵入的复式成矿岩体，为本区内生金属矿床成矿提供热源和矿源。重力异常反映的大义山隐伏花岗岩体是出露岩体的 4～5 倍，向北西隐伏延伸 17 km，向南东隐伏延伸 15 km，并在雷坪形成高侵位隐伏岩体。大义山岩体隐伏部分及其影响范围是成矿的有利空间部位。

e. 地质、地球物理、地球化学综合信息显示本区具备了寻找多金属矿床的良好前景。大义山地区作为北西向构造岩浆成矿带中最有找矿远景的地区，过去只重视外接触带局部点上的评价，但找到的中大型以上的矿床很少。2000—2003 年国土资源大调查，在大义山花岗岩体中发现了台子上、灰山冲、狮形岭、藤山坳、花山岭、万金窝、铜丝岭、白沙子岭、猫仔山等 9 处锡矿，获得 $333+334_1$ 锡资源量 21 万 t，但未进行普查评价。

f. 该区锡多金属矿化类型齐全，据大义山锡多金属矿成矿模式分析，计有云英岩化岩体型、云英岩—云英岩化石英大脉（破碎带型）型、矽卡岩型 、剪切细脉带型及产于围岩中的层间破碎带型等多种类型，其中以脉状矿体最具工业意义。由北而南，总体来说，脉幅有逐渐变小的趋势，如北部花山岭以大脉为主，中部狮形岭、铜丝岭、白沙子岭一带多为中细脉多，而南部猫仔山、藤山坳一带多为薄—细脉带；岩体型锡矿已知有台子上和灰山坪两处；大顺窿矽卡岩锡铜多金属矿体产于岩体东南部接触带，产于外接触带石炭系灰岩中的似层状锡矿体，主要受层间破碎带控制的有万金窝锡矿。

大义山锡矿田主要以大义山岩体为中心，就目前所掌握的资料，上述台子上等 9 处锡矿，都有望找到中大型的锡矿床，建议立项开展矿产预查和普查，寻找新的矿产地。

除锡外，岩体中的铍、钨、铋、锂，到接触带及外围的锡铜、硼、铅锌、金锑等矿产，也具有很好的找矿前景。大义山地区是继湘南后又一个锡多金属矿集聚区，应予以高度重视，针对寻找与岩浆热液有关的系列矿床，通盘部署新一轮找矿工作，有望取得锡多金属找矿的重大突破。

（6）湖南省浏阳枨冲—醴陵官庄金铜多金属找矿预测区（B 类）。

①矿产地质简况。该区位于浏阳—板杉铺元古界隆起带，出露地层主要为冷家溪群。枨冲西部跃龙局部断陷盆地有侏罗—白垩系地层分布。南

部有板杉铺加里东期花岗岩，北部蕉溪岭有燕山期花岗岩，区内广泛、分散发育花岗斑岩、花岗闪长斑岩、煌斑岩和基性岩岩脉。官庄—洪源地区出现大范围硅化、角岩化等强烈蚀变，属岩浆作用热液蚀变的产物。区内北北东向断裂构造发育。

区内主要矿产有洪源、雁林寺金矿。

预查区范围：经度 113°15′00″ ～ 113°42′00″，纬度 27°44′00″ ～ 28°20′00″。

②选区依据及理由。

a. 大范围 Au 的高背景和 Au 异常的出现，预示着区内具备金矿集聚的物质基础。枨冲—洪源一带分布有 Sb、Hg、As、F 远程指示元素累加衬值异常和 As、Ba、B、Mo 矿上指示元素累加衬值异常。Au、As 因子得分中高强度异常范围大，W、As 因子得分异常指示本区高侵位隐伏花岗岩体的存在。

b. 枨冲及其外围分布有航磁局部异常（C–76–19、C–76–21）。白关铺—官庄有长达 20 km、北东走向、呈线性展布的航磁局部异常，明显受该区断裂构造带的控制。C–76–21 局部磁异常与该处局部重力低基本吻合，反映了高侵位隐伏花岗岩体的存在。

c. 重力推断板杉铺—洪源、枨冲—蕉溪岭—连云山存在北北东—北东向构造岩浆岩带，官庄—洪源和枨冲地区有高侵位隐伏花岗岩体的存在。与区内化探、航磁局部异常基本吻合。

d. 该区冷家溪群分布有 Cu、Fe、Mo、Cr、Co 的特高背景场，表明富含基性火山沉积类物质，有利于 Au、Cu 的富集成矿。因此，连云山—蕉溪岭—枨冲—洪源—板杉铺构造岩浆岩带，应成为湘东地区一个新的金铜矿构造岩浆成矿带。

（7）茶陵县邓阜仙钨锡多金属矿田找矿预测区（A 类）。

①矿产地质简况。位于茶醴断块东南端之邓阜仙隆起中。区内北北西、北北东、北东向断裂发育。预测区位于邓阜仙花岗岩体及其内外接触带。邓阜仙花岗岩为复式岩体，从印支期、燕山早期、燕山晚期均有规模

不等的侵入活动，燕山期的岩浆活动与成矿作用关系密切，W、Sn、Nb、Ta、Pb、Zn 等成矿元素为地壳酸性岩平均值（维氏值）数倍至数十倍，是成矿岩体。燕山晚期岩体强烈的钠长石化和云英岩化是形成铌、钽、钨、锡矿的重要前提。在岩体与碳酸盐岩接触带，发育多处矽卡岩和大理岩，在外接触带及岩体内，晚期硅化带发育。

主要矿床有金竹垅岩体型铌钽矿、产于花岗岩中的石英脉型钨矿（湘东钨矿、鸡冠石钨矿、金竹垅钨矿）及产于岩体接触带矽卡岩型白钨矿（枫树坳白钨矿、水晶岭白钨矿）。其中水晶岭白钨矿位于岩体北西端与 D_3s 灰岩内外接触带，矿体厚 1 ～ 10 m，WO_3 0.43%，最高 3.25%，厚 3.79 m，含 Sn 0.02%。铅锌矿以硅化破碎带型为主，主要有周家冲、黄草山、大垅等 3 处。

湘东钨矿属高—中温热液石英脉型钨矿床。矿体呈脉状，产于燕山期黑云母花岗岩中，花岗岩为其成矿母岩，受北北东向及北东向断裂控制。矿山从 1951 年至 2001 年累计采矿量 622 万 t，回收金属量：氧化钨 32 436 t，铜 12 612 t，锡 1 766 t。申报可利用的资源储量为矿石量（B+C）4.3 万 t，氧化钨金属量 453 t。湘东钨矿因资源枯竭，现已闭矿。

预测区范围：经度 113°38′55″ ～ 113°48′59″，纬度 26°58′36″ ～ 27°08′47″。面积：223.76 km^2。

②选区依据及理由。

a. W、Sn、Bi、Cu、Pb、Zn、Ag 等成矿元素组合异常范围大，强度高，重叠性好。异常以湘东钨矿为中心，面积超过 40 km^2。在岩体北部水晶岭和枫树坳一带的岩体内外接触带，Sn、W、Cu、Pb、Zn、Ag 等元素异常强度也很高；次生晕及重矿物异常与水系沉积物异常基本吻合；磁异常大多分布于岩体接触带附近，与含磁性矿物的多金属矿及接触带的矽卡岩型的钨锡矿有关。

b. 成矿地质条件良好，有与岩体有关的铌钽、钨锡矿，在岩体与碳酸盐岩接触带发现多处矽卡岩，对寻找锡钨多金属矿有利。区内断裂发育，岩体中的钨锡矿和铅锌矿均受断裂控制，邓阜仙岩体与南侧红层呈断层接触（双石门—谢家屋断层）。硅化破碎带走向北东，长度大于 22 km，宽达 20 ～ 50 m，沿断裂发现多处 Pb、Zn、Cu、W 矿化，未开展过工作。

c. 重力资料反映锡田岩体和邓阜仙岩体相连，花岗岩岩基规模大，岩体南、北部与泥盆系、石炭系碳酸盐岩地层接触，具有寻找大型接触交代矽卡岩型钨锡多金属矿床的资源潜力。区内矿藏较丰富，过去只在点上做了详细工作。湘东钨矿资源枯竭，面临闭矿的威胁，属危机矿山，在矿区外围部署找矿工作十分必要。建议对邓阜仙钨锡多金属矿田地质、物探、化探资料开展系统综合整理，运用成矿系列思想，研究邓阜仙半隐伏岩体分布区及其影响范围内控矿地质条件，预测与岩浆热液成矿作用有关的钨锡多金属系列矿床的空间分布，指导勘查工作部署。为解决湘东钨矿的资源枯竭问题，应将邓阜仙钨锡多金属矿田作为重点勘查区，首先对鸡冠山—凤凰山、梯垄—甘子山、龙花具、枫树坳、水晶岭 5 个地段以及枫树坳脉状 Pb 异常进行勘查评价。

（8）临湘桃林—虎形山地区铅锌金钨多金属找矿预测区（A 类）。

①矿产地质简况。本区位于扬子地块东部九岭—幕阜隆起复式背斜北端，西部以岳阳—益阳基底断裂为界与洞庭凹陷相接。复式褶皱向斜保留了震旦、寒武系地层，走向北西西至东西向。地表出露断裂以北西西向和北东向为主，规模最大的为临湘—幕阜山隐伏基底断裂和石首—虎形山—崇阳—九宫山基底断裂，是本区主要的控岩控矿断裂，通城—汨罗—宁乡岩石圈断裂通过桃林铅锌矿东南侧。预测区东南为幕阜山燕山期花岗岩体，在荆竹山、源潭一带见花岗岩、花岗闪长岩岩脉。

区内矿产主要有桃林铅锌矿和正在普查评价的虎形山钨铍多金属矿。后者对本区找矿具有典型指示意义。

虎形山钨铍多金属矿产于石首—虎形山—崇阳—九宫山区域性逆冲推覆断裂带（F_1）中部虎形山—源潭段，断裂带上陡下缓，倾向南，上盘为冷家溪群千枚岩、板岩、细砂岩，下盘为震旦系陡山沱组钙质板岩、泥灰岩、灰岩和白云岩。陡山沱组是本区多金属矿的赋存层位。F_1 含矿断裂破碎带控制长 7 000 m 以上，厚数米至 50 米，产状变化稳定，控制延深 500 m 以上。产于破碎带中的铁钨铍铜钼铅锌银多金属矿床主要有几类：浅部为风化淋滤型褐铁矿床；钨矿为断裂破碎带型和裂隙充填石英脉型白钨矿床，石英脉中以黑钨矿化为主，WO_3 0.19%～0.32%，厚 5.55～28.41 m；铍为绿柱石矿床；铜矿产于断裂破碎带及云英岩脉中，厚 0.32～9.91 m，Cu 品位 0.16%～1.77%；铅锌银矿见于石英脉中。虎形山钨铍多金属矿床规模可达大型。

矿化分带明显，内带铜钼、中带钨铍、外带铅锌银。

围岩蚀变有云英岩化、大理岩化、透闪石化、滑石化、硅化、磁黄铁矿化、透辉石化、矽卡岩化。蚀变由浅至深逐渐增强。

预测区范围：经度 113°04′～113°40′，纬度 29°20′～29°40′。

②选区依据及理由。

a. 桃林铅锌矿具有深部找矿的潜力，该矿位于幕阜山岩体北西接触断裂带，被岩体掩盖的通城—大云山隐伏向斜西端与岳阳—桃林背斜的接合部位，其间为白垩纪红层所覆盖。铅锌矿产于北东向桃林逆断裂带中，上盘主要为元古界冷家溪群变质板岩、砂岩，下盘主要由震旦系上统—寒武系下统及燕山期花岗岩组成。矿体赋存在断裂下盘围岩的次级裂隙构造中，主要赋矿层位在震旦系灯影组与陡山沱组之间的硅质角砾岩。矿床属中温热液充填矿床。

Pb、Zn、Au、W 异常明显，一般 Pb 50×10^{-6}～500×10^{-6}，Zn 100×10^{-6}～200×10^{-6}。异常规模大，浓集中心明显，异常环绕岩体内接触（北东和北西）断裂带呈弧形分布，总长度 60 km，宽 5 km。Zn 异常往东及东北为大面积低缓异常，100×10^{-6} 面积达 150 km^2。东部壁山、最木岭地区 W 异常（4×10^{-6}～30×10^{-6}）100 km^2，Au 异常（2.5×10^{-9}～45×10^{-9}）30 km^2。横山岭背斜西部有 W、Bi、Pb、Zn、Cu 重砂异常。

矿区东部有航磁异常 C-80-16、C-80-17。幕阜山布格重力低北西侧重力变异带，居局部重力低中。地球化学异常表明，桃林铅锌矿往北东、往南及南西转折处，存在北西向构造地球化学异常带，预示该区仍具有深部找矿的潜力。

桃林至龙源有一条长 28 km、宽 2 ～ 3 km 的弱磁异常和串珠状 Au 异常相互套合的综合异常带，表明有与构造蚀变有关的金多金属矿化存在，可能是桃林控矿断裂带向北东的延伸。

对桃林铅锌矿控矿地层和控矿构造的新认识，为在南部找矿提供了新思路。

b. 布格重力剩余异常反映幕阜山燕山期花岗岩体呈北西走向，隐伏延伸至荆竹山、虎形山地区，北西隐伏部分长 40 km，隐伏岩体东西宽 30 km，在荆竹山形成高侵位隐伏岩体，在荆竹山、源潭地区见花岗岩、花岗闪长岩岩脉。隐伏岩浆为岩浆热液成矿提供了热源和矿源，虎形山钨铍多金属矿床的成矿与本区岩浆活动密切相关。

c. 在隐伏岩体分布区有北西向区域航磁异常和 11 处局部磁异常，多呈北东向分布，异常编号 C-80-01 ～ C-80-11，表明在隐伏岩体的区域磁性外壳层基础上，可能有多金属硫化矿物的局部磁性矿物的富集。局部磁异常是寻找多金属矿床的间接指示标志。临湘—横溪地区地面高精度磁测反映了本区隐伏岩体和构造磁性蚀变带的分布。

d. 区内以 Au 为主的地球化学异常，主要分布在荆竹山等地。荆竹山 Au 异常大于 100 km^2，在羊楼司东南龙源马颈—古塘和九宿山—十字路林场—忠防镇茶场一带，其中马颈—古塘 Au、As 异常长 10 km，宽 2 ～ 5 km，Au 3 ～ 16×10^{-9}；九宿山东南尹家洞一带，Au 异常长 10 km，宽 2 ～ 5 km，Au 3 ～ 16×10^{-9}。

虎形山—龙源北西向构造带，Au 元素神经网络异常长 32 km，该带有 5 处 Au、W、Sb、As、Hg 异常，各异常相互套合，总体组成北西向异常带，正处于北西向隐伏岩体外接触带的上方，是寻找构造蚀变破碎带型金多金属矿的最为有利的地区。还有师家山—十字路林场 Au 异常，长 13 km，宽 1 ～ 4 km，均未进行检查。

荆竹山东北辅桥有 Au、As 弱异常，处于虎形山—源潭控矿断裂带东部延长线上。这些都是寻找构造蚀变破碎带型和石英脉型金矿重要线索。羊楼司北 5 km 冷家溪群、板溪群和震旦系断裂接触带，有 Pb、Zn、Ba 异常。

e. 马头岭—杨梅坳有 W、Cu、Bi、Pb、Zn 异常，分布在北西向花岗闪长斑岩带中，与该区正负相伴的局部串珠状磁异常带吻合，并处于北西向高侵位隐伏花岗岩体接触带部位。

在马头岭花岗闪长斑岩中之石英脉和石英团块及边缘花岗闪长斑岩中发现铜矿化，伴有 Pb、Zn、W、Mo、Bi、Au 的高含量。区内石英脉见钼、铋、金矿化，其中钼含量超过边界品位 6 倍，在地面堆集石英块体中见大量黄铁矿集合体。马头岭—杨梅坳之间 W 异常面积达 50 km^2。与黑钨矿重砂异常范围一致，区内已发现含黑钨矿石英脉 30 余条，已知有北东和北西向两组脉，单脉长数米至数十米，厚0.1 m，WO_3 0.08%～8.65%，一般 2.2%，个别 19.6%，Ag 188 g/t。

综上所述，综合信息显示该区具备良好的斑岩铜矿的成矿条件。

f. 据重力资料推断石首—虎形山—崇阳—宫山一线存在近东西向区域性大断裂带，规模巨大，东西长 200 km，虎形山发现的钨铍多金属矿床，产于虎形山—源潭断裂破碎带中段，属于区域性大断裂系的组成部分。

该区构造复杂，岩浆活动频繁，成矿地质条件好，广泛分布以 Au、W 为主的异常，已发现数十处金、钨多金属矿产地和矿（化）点，找到大型矿产资源的潜力巨大。

（9）宁乡市沩山地区锡多金属矿找矿预测区（B 类）。

①矿产地质简况。该区位于沩山花岗岩体西北部，沩山花岗岩为复式岩体，锡钨矿化主要与燕山晚期复式花岗岩体有关。

已发现的主要矿化类型有 5 类：一是石英脉型钨、锡矿，此类矿床分布最广，也是目前已知最有工业价值的一个类型，如安化司徒铺白钨矿

（中型）等。二是矽卡岩型钨矿，目前仅见 1 处，即岩体西侧接触带附近的黑泥田。三是伟晶岩型钨、锡矿，已知有宁乡市格山冲伟晶岩型锡矿及宁乡市石笋、铜罗山 2 个白钨矿。四是岩体（脉）型钨矿，已知有宁乡市虎山湾矿点等。五是硅化破碎带型钨矿，该类型矿床已知有宁乡芦竹坪白钨矿及黑泥田白钨矿。与成矿有关的蚀变主要有云英岩化、硅化、钾长石化等。

预测区范围：经度 111°50′00″ ～ 112°13′16″，纬度 27°52′57″ ～ 28°14′43″。面积：974.7 km^2。

②选区依据及理由。

a. 多期次岩浆活动频繁而强烈，尤其是晚期岩脉，对锡、钨等矿产的形成具有重要意义。

b. 锡石（白钨）重矿物异常和次生晕及水系沉积物 Sn 异常，强度高，面积大，重叠性好。有望在本区找到具工业价值的锡矿床。新桥—姚家仑、司徒铺—笔架山、田坪水库—马家冲、豆子托—白毛寨、黄材—何家湾等五处（面积约 100 km^2）成矿最为有利，可作为重点勘查区。

c. 过去主要对司徒铺钨矿做了勘探评价，而对岩体中的锡多金属矿及面上的找矿工作程度极低。在该区开展锡多金属矿的勘查工作十分必要。

（10）永州市阳明山地区锡多金属找矿预测区（B 类）。

①矿产地质简况。该区位于阳明山—塔山花岗岩带，长约 32 km，面积 160 km^2。为一复式岩体，主体为印支期，其中 γ_5^{1-a} 为中—细粒斑状白云母花岗岩，γ_5^{1-b} 为二云母花岗岩；补体为燕山期的细粒花岗岩及花岗斑岩、钠长斑岩等小岩体。岩体具钠长石化、云英岩化、白云母化及绿泥石化等蚀变。岩体含 W、Sn 普遍较高，分别为酸性岩的 5 及 12 倍；围岩大多为奥陶系砂质板岩，与岩体接触带有角岩化、硅化等蚀变，并有 W、Sn、Mo、Pb、Zn、Au 等矿化现象；区域上，位于阳明山穹窿构造核部，是东西向构造带的组成部分。后期断裂以北北东及北北西两组最为发育，规模也较大。

在岩体内及接触带附近，见多处锡、钨、钼、铅、锌等矿化现象，其中以锡矿为主，有的已为地方所开采。

预测区范围：经度 112°35′ 01″ ～ 112°12′02″，纬度 26°03′36″ ～ 26°12′13″。面积：542.4 km^2。

②选区依据及理由。

a. 岩体尤其是印支期主体 Sn（W）含量较高，虽不及大义山岩体，但仍不失为成矿围岩。

b. 地球化学异常范围大，强度高，多元素异常重叠性好，尤其是 Sn（W）异常中心，与岩体分布基本吻合。岩体内外接触带有局部航磁异常（C–73–76）分布。

c. 已知有多处 Sn（W）及 Pb、Zn 矿点及矿化现象，尤其是西部阳明山岩体及东部土坳岩体矿化普遍，类型以云英岩脉型 Sn（W）矿化为主，有的地段老窿密布，开采历史悠久。

d. 工作程度很低，在点上未做系统评价工作，找矿潜力大。

（11）攸县丫江桥地区钨锡多金属矿找矿预测区（B 类）。

①矿产地质简况。该区处于燕山早期丫江桥岩体北部舌状伸出端，岩体剥蚀程度较低，内外接触带及岩体内北北东及北东向断裂发育，冷家溪群与岩体接触带角岩化发育，与泥盆系碳酸盐岩接触处大理岩化及矽卡岩化局部发育。岩体内 γπ、λπ、Mγ、ρ 及 q 脉发育，岩体云英岩化普遍。在岩体内德行冲—明月峰一带黑钨矿、白钨矿Ⅰ级重砂异常 66 km^2，最高含量可达 0.1 ～ 1.2 g，伴锡石及泡铋矿；岩体西侧内外接触带大南港、烂泥湖一带，铅矿物、铜矿物重砂Ⅰ级异常 65 km^2 以上。岩体北侧及西侧有众多铅锌矿床（点），除潘家冲外，尚有封洞、栗树坡、石门冲、大南港、摇篮冲、毡帽山等 Pb、Zn 矿，石英脉型钨矿有德行冲、大山岭、鋆石等。岩体中还有麻冲 W、Mo 矿点，草田冲 Mo 矿点。

预测区范围：经度 113°13′40″ ～ 113°24′33″，纬度 27°16′50″ ～ 27°26′47″。面积：223 km^2。

②选区依据及理由。

a. 区内 W、Sn、Bi、Cu、Pb、Zn 次生晕及水系沉积物异常范围大，强度高，重叠性好；重矿物异常矿物成分复杂，含量高，各类异常与已知矿产地吻合。

b. 岩体内各类岩脉发育，蚀变强烈，尤其是云英岩化普遍，多处见 W、Sn、Mo、Pb、Zn 等矿化现象，成矿条件十分优越。

c. 除北部潘家冲铅锌矿外（勘查区外），各矿产地工作程度低，尤其是岩体内，很少做矿产勘查工作，值得进一步工作。

（12）湖南省茶陵县锡田钨锡多金属矿田勘查区（A 类）。

①矿产地质简况。位于茶醴断块东南端之锡田隆起中。区内北北西、北东向断裂发育，互为平行斜切岩体。锡田燕山早期主体期（γ_5^{2-a}）中—细粒斑状黑云母花岗岩呈岩基产出，补体期（γ_5^{2-b}）为中细粒黑云母花岗岩呈北北西向分布，形似哑铃状，侵入严塘北北东向构造带中，与奥陶系、泥盆系、石炭系、二叠系等呈侵入接触。岩体北侧被红层掩盖。该岩体在深部可能与邓阜仙岩体为同一岩体。岩体南西、北东侧与泥盆石炭系地层呈侵入接触。在杨梅冲一带，内外接触带硅化强烈。由于工作程度低，除在岩体内已知有塘前萤石矿外，尚未见有价值的矿体产出。区内有锡石Ⅱ级重矿物异常大面积分布。岩体内石英脉、细粒花岗岩脉、花岗伟晶岩脉和花岗细晶岩脉等发育，走向多为北东及北北东。岩体中部的内接触带，含钨石英脉十分发育。岩体内蚀变作用有钠长石化、绢云母化、硅化、云英岩化等，其中云英岩化、叶蜡石化与锡钨矿关系密切。

区内已知钨矿点 8 处，锡矿点 2 处，属高温热液型，多集中分布在岩体中部，含矿围岩主要为补充期侵入体细粒二云母花岗岩，次为中粒、中细粒黑云母花岗岩。

锡田钨矿是产于花岗岩体中的石英脉型钨矿，共有大小矿脉 30 余条，其中 23 条矿脉可供开采，根据矿脉分布划分狮子岭区、四棚槽区、铜锣山区、水晶岭区、蚊虫山区等 6 个小区。近年来矿调工作在岩体外接触带上发现有矽卡岩型锡钨矿床。

预测区范围：经度 113°39′57″～113°46′42″，纬度 26°51′20″～26°56′53″。面积：70 km^2。

②选区依据及理由。

a. 虽然锡田岩体成矿最有利部位已安排勘查，本区 W、Sn、Bi、As、F、Be、B 等地球化学元素组合好，异常强度高，重叠性好，但异常未全部得到验证。

b. 区内成矿地质条件好，岩体蚀变强，各类岩脉发育，岩体内接触带硅化，大理岩化普遍发育，对寻找岩体型、石英脉型、接触交代矽卡岩型及构造破碎蚀变带型钨锡多金属矿有利。

c. 重力资料反映邓阜仙岩体和锡田岩体相连，花岗岩基大，锡田花岗岩体与泥盆系、石炭系碳酸盐岩地层接触界线长，面积大，具有寻找超大型接触交代矽卡岩型钨锡多金属矿床的资源潜力。

（13）衡东县白莲寺地区钨锡多金属找矿预测区（A 类）。

①矿产地质简况。该区位于白莲寺花岗岩体及衡东花岗岩体北端外接触带。白莲寺岩体为燕山期复式岩体，岩体蚀变强烈。主要有云英岩化、硅化、绢云母化、黄铁矿化等，与成矿关系密切。岩体中 Sn、W、Cu、Pb、Zn、Mo 等成矿元素含量较高，一般高出地壳酸性岩平均值（维氏值）的数倍至数十倍，是本区成矿的物质基础。

主要矿化分布在白莲寺石塘村及衡东杨梅村地区。白莲寺岩体在 1 km^2 范围内分布有呈北东走向的石英细脉数百条。大体可分为 3 个密集带，脉带长 40～680 m，宽 70～560 m，其中含矿（主要是黑钨矿）的脉带有 23～50 条。脉旁云英岩化强烈。

在杨梅村地区发现了 1 km^2 以上的数组密集的云母石英线或石英细脉带，每米有十几至一百多条，成群成带分布。在细石英脉中，凡厚度大于 1 cm 者，大多可见锡石、黑钨、黝锡等矿物，因此深部有找矿前景，并作为一级预测区，经少量浅孔验证，发现深部有大量岩脉出现，蚀变强烈，并见到多个 Sn、W 多金属矿体，单个矿体厚度为 0.8 ～ 6.4 m，平均品位 Sn 0.15% ～ 0.39%，WO_3 0.12% ～ 0.64%，Pb 1.74%，Zn 2.27%，并发现了寻找隐伏斑岩型锡矿的重要线索。

预测区范围：经度 112°55′06″ ～ 113°04′23″，纬度 27°08′52″ ～ 27°17′07″。面积：96.7 km²。

②选区依据及理由。

a. Sn、W、Bi、Cu、As、Ag 等水系沉积物异常强度高，范围大，重叠性好，具有良好的找矿前景。

b. 本区含矿类型多，构造复杂，蚀变强烈，矿化普遍，成矿条件有利，具备了寻找大中型隐伏锡、钨多金属矿床的所有条件。白莲寺岩体还具有寻找斑岩型锡矿的前景。

c. 区内工作程度很低，建议开展预查。

（14）湘潭县芙蓉寨—杨家桥铅锌金多金属成矿远景区（B 类）。

①矿产地质简况。该区位于南岳花岗岩体北端—隆拗交接处、北北东向区域性红层边缘断裂中段。沿断裂带有燕山期花岗岩侵入。岩体外接触带围岩蚀变强烈，沿该断裂带断续有若干个以硅化破碎带型铅锌铜多金属矿为主的矿床（点）产出。区内已知有湘潭县芙蓉寨金矿、宜丰桥金矿、杨柳冲钴矿、横岭钴矿、陈家洲铜矿、双风桥铜矿及杨家山铅锌铜矿；衡山县周家冲锡矿及渐水塘锡矿。南侧有岭坡坳铅锌铜矿、东湖町铅锌矿等。

本区岩浆活动强烈，与成矿关系密切，是区内多金属成矿的重要物质来源。

预测区范围：经度 112°42′30″ ～ 112°49′57″，纬度 27°23′12″ ～ 27°32′26″。面积：54.43 km²。

②选区依据及理由。

a. 区域成矿条件有利，区内北北东向断裂是斜贯全省、规模巨大且与成矿有关的红层边缘断裂带的组成部分。北东段有以井冲、东冲等为代表的铜铅锌矿床；南西段有留书塘一带的铅锌多金属矿床（点）。上述众多矿床（点）均受该断裂带控制。本区处于上述矿带的中段，成矿条件与上述已知矿床类似。

b. 沿北北东向大断裂带有强度较高的 Pb、Zn、Cu、Au 异常，与已知金属矿化点及金重矿物异常吻合。在芙蓉寨—天马山一带分布于板溪群中的黄金异常面积达 45 km^2，在 25 个样中，黄金含量一般 2 ～ 5 片，最高达 20 片以上。异常连续性好，已发现含金石英脉多处。

c. 本区成矿地质条件好，找矿潜力大，但工作程度低，建议开展预查。

7.4.3 主要多金属矿田深部潜在资源找矿预测评价

内生多金属矿产的找矿，确立以隐伏、半隐伏花岗岩体为中心的找矿思路，确立大的构造岩浆岩带控制区域成矿带，大岩体、大岩基控制矿田，大岩体上方的小岩体控制矿床的基本原则，在由物探资料确定的已知及潜在矿田中，筛选出一批有深部找矿前景的靶区，为老矿山、危急矿山寻找新的接替矿产资源。据现有资料分析，坪宝、香花岭、瑶岗仙、东坡、水口山、龙山、沃溪、铜山岭、后江桥、大乘山、洪源等矿田均具有深部找矿潜力。以桂阳县（黄沙）坪宝（山）铅锌多金属矿田深部找矿靶区（见表 7–3）优选为例，作一概略评述。

表 7–3 桂阳县坪宝铅锌多金属矿田找矿靶区坐标范围

拐点号	直角坐标 /m		地理坐标	
	X	*Y*	经度	纬度
1	2 835 000	19 660 000	112°35′34″	25°36′48″
2	2 835 000	19 683 500	112°49′36″	25°36′38″
3	2 857 000	19 683 500	112°49′47″	25°48′32″
4	2 857 000	19 660 000	112°35′44″	25°48′42″

1. 以往工作概况

（1）黄沙坪矿区铅锌采矿始于唐宋，盛于明清。1954年先后有地矿、冶金系统地勘单位进行了勘探，评价了铅锌、铁、钨、钼、锡、铋多金属矿产资源。目前矿山保有铅锌可采储量511.9万t，推断资源量300万t。在不到2.3 km^{2}范围内，探明储量和推断资源量已超过2 000万t，其中铅锌金属量超过260万t。截至2003年6月，矿山生产铅锌金属量110.6万t，上缴国家利税约6亿元。

（2）宝山铜钼钨铋铅锌多金属矿，从1956年开始勘探，到1967年已探明工业加远景储量24.53万t。20世纪70年代到1983年，完成宝山东部铅锌矿勘探，获铅锌金属量7.42万t。宝山西部找矿在1979年取得重大突破，到1984年为止，获铅锌金属量达97万t。20世纪80年代末，在宝山西部财神庙也找到一个铅锌资源储量达40万t的中型矿床。

宝山矿区到2003年上平衡表的矿产资源金属储量：铅锌59.55万t（不含宝山西部和财神庙两矿段），铜5.93万t，钼17 090 t，钨9 032 t，铋6 440 t，银609 t，金5 863 kg。平均品位：Pb 3.6%～6.37%，Zn 7.33%～7.91%，Cu 1.52%，Mo 0.146%，Bi 0.057%，WO_3 0.99%，Au 0.68～1.01 g/t，Ag 219.56 g/t。

（3）大坊金银铅锌多金属矿勘查始于20世纪60年代初期，1961年物探队开展面上普查，发现有找矿意义的综合异常，1965年重新开展磁法、土壤测量和激发极化测量，提出了深部钻探验证有利地段。1968年408队开展验证，1974年完成详细普查工作，提交金属量铅6 200 t，锌6 300 t，金682.4 kg，砷5 178 t。1987年武警十六支队以金为主要矿种，再次开展详查，获金属量金7 698 kg，银389 t，铅锌33 633 t。平均品位：Au 2.68 g/t，Ag 195～361.78 g/t，Pb 2.71%，Zn 0.65%～1.30%。

（4）1982—1986年，238队对桂阳柳塘岭铅锌矿进行了普查，获铅锌金属量43 871 t，银70.872 t，铜76.35 t。平均品位：Pb 2.71%，Zn 2.53%，Ag 85 g/t。1989年湘南队开展深部钻探工作，认为柳塘铅锌银矿可达中型矿床规模。

（5）2001 年 238 队在马鞍岭地区开展普查，于马鞍岭东背斜施工两孔，主要验证背斜轴部梓门桥组（C_1z）、测水组（C_1c）和石磴子组（C_1sh）地层接触部位和断层深部含矿情况，其中 11/ZK1 在孔深 190.89 ～ 194.3 m 处，C_1z 和 C_1c 接触部位见铅锌矿化白云岩，含 Pb 0.58% ～ 0.82%，Zn 0.75% ～ 1.0%、Ag 55.5×10^{-6} ～ 65.2×10^{-6}、孔深 370.30 m，C_1c 和 C_1sh 接触部位，未见矿化。18/ZK1 孔深有限，未见矿。

（6）坪宝矿田中黄沙坪矿区，地矿部 401 物探队于 1954 年开展过磁法、自电和土壤测量等物化探工作，对黄沙坪浅部隐伏铅锌矿和深部磁铁矿的发现起到了指导性作用。20 世纪 60—80 年代，地矿和有色系统物探队先后在黄沙坪和宝山矿区开展工作。

1989—1990 年物探队在坪宝地区开展了系统的 1 ∶ 5 万区域物化探综合调查 1 000 km^2。物探队在坪宝矿田 150 km^2 范围内开展了高精度磁测土壤和能谱测量，提供了丰富的找矿信息。通过以上工作建立了黄沙坪、宝山、大坊矿床和坪宝矿田找矿模型，提出了一批有找矿前景的远景区，其中 A 类 6 个、B 类 5 个、C 类 7 个，对新一轮找矿具有重要指示意义。

2. 矿田地质、地球物理、地球化学背景

（1）地质背景。

①地层。

二叠系（P）：

斗岭组（P_2dl）：砂岩、页岩，上段含无烟煤，厚 150 ～ 430 m。

当冲组（P_2d）：硅质岩、泥质岩、页岩、含锰灰岩，厚 30 ～ 50 m。

栖霞组（P_1q）：灰岩、上部泥质页岩夹扁豆状灰岩，厚 50 ～ 80 m。

石炭系（C）：

壶天群（C_{2+3}）：白云岩、灰岩，厚 180 m。

梓门桥组（C_1z）：白云岩，厚 197 m。

测水组（C_1c）：

石磴子组（C_1sh）：含炭质灰岩、灰岩与白云岩互层，厚406～477 m。

孟公坳组（C_1 m）：上段页岩、粉砂岩，下段灰岩夹少量白云岩，厚314～363 m。

泥盆系（D）：

锡矿山组（D_3x）：上段以页岩、砂岩为主，下段灰岩夹白云岩，厚35～190 m。

佘田桥组（D_3s）：灰岩与泥灰岩互层，厚100 m。

②构造。坪宝矿田位于水口山—临武南北向构造带中段弧形转折部位，由一系列褶皱组成复式背向斜构造，黄沙坪—宝山矿区位于复式倒转向斜中，次级隐伏倒转背斜是控制矿床产生的主要构造。断裂以南北、北东或北西向为主。

③岩浆岩。出露岩体主要有石英斑岩、花岗闪长斑岩、花岗斑岩、英安质流纹斑岩。岩体总体上呈北西西向，倾向北，倾角85°左右。长度数百米至两千米，出露面积一般为0.3～0.15 km^2，最大0.48 km^2。岩体成岩时间为123～182百万年，为燕山早、中期产物。不同类型岩浆岩属深—较深源型岩浆岩同源同期不同阶段分异而成的产物。

（2）矿床主要类型及产出条件。

①斑岩型铜矿床：主要产于黄沙坪矿区石英斑岩内的爆破角砾岩及其下部接触带的矽卡岩中。

②接触交代矽卡岩型铁（锡）矿床：产于黄沙坪矿区东南部隐伏花岗斑岩正接触带上，以岩体上盘和顶盖较发育。

③气化—高温热液矽卡岩型钨钼矿床：产于铁（锡）矿床的下部，在空间和成因上均与隐伏花岗斑岩密切相关。

④矽卡岩型铜钼矿床：主要产于宝山矿区宝岭倒转背斜中，与隐伏花岗闪长斑岩密切相关。

⑤中温—中低温热液裂隙充填型铅锌银矿床：主要产于断裂破碎带，

并受旁侧羽状裂隙控制，其次是受褶皱轴部的层间剥离破碎带和挤压破碎带控制。

⑥破碎带型金银矿床：产于二叠系栖霞灰岩顶部与当冲组硅质岩层的层间破碎带及断裂带中。

（3）地球物理背景。区域上为炎帝—蓝山重磁梯级带北西重（力）低、磁（力）高鼻状突起部位。不同尺度重力局部异常反映了坪宝矿田深部隐伏花岗岩体群（岩基）的存在。已知矿区及外围有局部重力低出现，反映了高侵位隐伏岩体的存在。

航磁异常反映坪宝矿田处在一个大的北正南负的区域磁异常中的负异常中强度：负异常 –10 ～ –100 nT，正异常 10 ～ 100 nT，宝山、大坊矿区是在负背景场中的局部增高，黄沙坪矿区呈北正、南负的局部强磁异常。

本区花岗岩类岩体与沉积岩有 0.06 ～ 0.18 g/cm^3 的密度差，且一般多侵入泥盆—石炭—二叠系地层，所以能产生明显的重力低，重力是研究隐伏岩体和断裂空间分布的有效方法。

磁铁矿石具有强磁性，铅锌等矿石和岩体具弱磁性、高极化率（30% ～ 50%）。一般沉积岩不具磁性，极化率小于 3%，但矿化蚀变岩石、含铁锰炭质岩石具弱磁性和高极化率（6% ～ 40%），是对矿体激电异常的干扰。

（4）地球化学背景。坪宝矿田有大范围的 Pb、Zn、Cu、Ag、Au、As、Sb、W、Sn、Bi、Mo、F 等多元素地球化学综合异常，已知矿区有 Pb、Zn、Ag、Au、W、Sn、Cu 等高浓度组合异常，不同矿床具有不同的特征元素，一般以岩体为中心，成矿元素具有从高温到低温的分带性。

地层中 Pb、Zn、Sn 等元素平均值较高，其中 Pb 在陡岭坳组灰岩和砂岩中可达 200×10^{-6}，孟公坳组灰岩 167×10^{-6}，锡矿山组白云岩 100×10^{-6}，佘田桥组灰岩 85.5×10^{-6}，Cu、Mn 在测水组和当冲组地层中较高。

矿田岩体中 Cu、Pb、Zn、Sn、Mo 等元素丰度普遍高于维式酸性岩平均值 2 ～ 5 倍，其中 W 为 8.7 倍，Bi 在 20 倍以上，特别是在黄沙坪、宝山和柳塘隐伏岩体中，Cu、Pb、Zn、Ag、W、Sn 更高。

3. 坪宝矿田铅锌多金属矿床控矿规律及找矿标志

（1）矿床受中酸性岩浆岩控制，与成矿有关的岩浆岩主要为花岗斑岩、石英斑岩、花岗闪长斑岩。次级隐伏背斜中的隐伏岩体对成矿最有利。

（2）矿床受一定层位控制，主要容矿层位为石磴子组（C_1sh）含炭质灰岩、灰岩、壶天群（C_{2+3}）上部不纯灰岩、测水组（C_1c）砂页岩及梓门桥组（C_1z）黑色白云岩，少量产于壶天群角砾状白云岩、栖霞组（P_1q）和当冲组（P_2d）硅质岩中。

（3）构造与成矿关系密切，矿床主要产于倒转背斜及褶皱构造轴线拐弯处，北北西或近东西向横向控岩断裂与南北或东西向纵向断裂交汇处，在背、向斜的走向逆掩断层及与高角度逆断层形成的“入”字或反“入”字形构造，以及通过倒转背斜轴部的走向逆断层与以测水组为遮挡层所组成的封闭构造，为主要容矿部位。

（4）矿床矿化具有分带性，以隐伏岩体为中心，由高温向中低温热液矿床的环形分布，即从 Sn（Fe）、W、Mo、Bi、Cu 逐渐向 Pb、Zn、Ag 过渡。

围岩蚀变与矿化关系密切，分带性明显，从岩体内向接触带外，依次是钾化、绢云母化—含锡磁铁、钨钼铜铋矽卡岩化、大理岩化，与铅锌矿化有关的透长石化、萤石化、黄铁矿化及硅化—铁锰碳酸盐化组成铅锌矿床的外带。

（5）矿田中不同类型矿床地球物理、地球化学特征标志不同。

①主要指示元素：黄沙坪矿区以 Pb、Zn、Sn、W 为主，兼有 Cu、Mo、As、Ag、Sb 等异常；宝山矿集区为 Pb、Zn、Ag、W、Cu、Bi，兼有 Mo、Sn、Mn、As、Au、Sb 等异常；大坊以 Au、Ag、Pb、Zn 为主；柳塘隐伏铅锌矿有弱的 Pb、Zn、As、Mn、Sb、Ag、Au 等土壤及岩石地

球化学异常。

②航磁、地磁异常特征：黄沙坪矿区为北正南负、正负相伴的较规整的异常，强度 –1 500 ～ 5 000 nT；宝山矿区则为航磁负异常区的局部增高，地磁异常则呈正负相间的锯齿状、条带状，极不规则，一般强度 –200 ～ 200 nT。

③重力异常特征：大尺度局部剩余重力异常和垂向二阶导数异常，反映了坪宝矿田的范围，不同尺度重力低反映 0 ～ –4 000 m 标高有隐伏岩体（群）基存在。一般剩余重力及垂向二阶导数局部异常或正负异常零值线附近，可指示矿床所在位置。

④矿区具有明显的激电及多道能谱异常，碳酸盐岩分布区碳氧同位素的降低，可指示隐伏矿床的存在。

4. 矿田找矿靶区优选及依据

（1）找矿靶区分类。坪宝矿田以往工作程度很高，在查阅和研究现有勘查、科研资料基础上，根据该区 1 ∶ 5 万地质、地球物理、地球化学资料，按成矿条件将优选区块分为 3 类。

A 类：有与已知矿床类似的综合信息找矿标志，成矿地质条件极为有利，有找到大、中型矿床的潜力。

B 类：重力显示 0 ～ –500 m 标高处存在高侵位隐伏花岗岩体，有局部弱磁异常或 Pb、Zn、（Ag）等土壤地球化学异常，成矿地质条件较为有利，有找到中、小型矿床的希望。

C 类：重力显示 –500 m 标高处有高侵位隐伏花岗岩体存在，有零星 Pb、Zn、（Ag）异常或局部弱磁异常，有一定找矿前景。

（2）找矿（预测）靶区优选及依据。坪宝矿田具有隐伏矿床的找矿潜力，根据矿田综合标志信息，在本区优选出 5 处隐伏矿床找矿区，各预测区情况简述如下。

①枫木井—下铺预测区（A 类）。

a. 工作范围（见表 7–4）。

表 7–4　枫木井—下铺预测区坐标范围

拐点号	直角坐标 /m		地理坐标	
	X	*Y*	经度	纬度
1	2 840 250	19 672 950	112°43′20″	25°39′33″
2	2 840 100	19 673 950	112°43′56″	25°39′28″
3	2 848 050	19 675 000	112°44′38″	25°43′45″
4	2 848 200	19 673 350	112°43′38″	25°43′51″
5	2 844 600	19 672 900	112°43′21″	25°41′54″
6	2 844 500	19 673 550	112°43′44″	25°41′51″

b. 选区依据。

第一，在团结村—马鞍岭地区有水系沉积物 Pb、Zn、Ag、Cu、As、Sb、Au 等元素组合异常，长 4 000 m，宽 1 000 ～ 2 000 m 。土壤剖面测量发现 Pb、Zn、Ag、Mn 等综合异常 5 个。单个异常中有 Mn 14 个、Au 18 个、Ag 17 个、Pb 24 个、Zn 20 个、As 17 个。异常呈北北东或南北向展布，与 F_{106} 走向相同，分布在南北或北北东向断裂与北西西向断裂交汇处，与硅化灰岩、铁锰帽地质体吻合。经少量工程揭露，证实异常与 F_{104} 和 F_{106} 控制的硅化带或英安质流纹斑岩有关。区内有 3 条硅化带，长 2 200 ～ 3 200 m，宽 10 ～ 30 m，含 Au 0.1×10^{-6} ～ 0.31×10^{-6}，Ag 1.48×10^{-6} ～ 2.97×10^{-6}；铁锰帽含 Au 0.07×10^{-6} ～ 0.08×10^{-6}，Ag 5.6×10^{-6} ～ 5.0×10^{-6}，Pb 0.02% ～ 0.10%。

该区发现 5 个呈带状分布的激电异常，与化探异常重合，在 5 线和 12 线西部发现长度大于 700 m，宽度 100 至 200 m 的激电异常，视极化率最大达 9%，异常沿 F_{104} 逆断裂破碎带分布，系隐伏矿化的指示。

第二，团结村—李家—下铺一带，有 C–86–26 航磁局部异常，强度 –15 ～ 25 nT。经转换后的航磁垂向一阶导数正异常，大致沿 F_{106} 正断层分布，异常长 3 500 m，宽 500 m 左右，梯度 4 ～ 8 nt/m。异常中心部位有燕山早期花岗斑岩小岩体分布。

第三，地层有利，与坪宝矿田有关的全部含矿赋矿层位本区均有出露。

第四，构造条件有利，本区位于官溪—大溪头（下铺）复式向斜西南翼，工作区自西向东有枫木井—柳塘背斜、马鞍岭向斜、团结村—下铺隐伏背斜，通过背斜轴部均有 F_{104} 和 F_{106} 走向断裂分布，组成由 C_1c 为遮挡层、C_1s 为核部的控矿构造。在马鞍岭、双流、团结村、李家和下铺有五组大致平行、等距分布的北西西向横断层，切割本区背向斜轴部，相互组成“井”字形控矿构造。

第五，通过柳塘竹筱隐伏背斜轴部的 F_{106} 断裂带发现磁异常及 Ag、Zn、Sb、As、$\Delta^{18}O$ 等岩石地球化学异常带，为隐伏铅锌矿床前缘指示元素，没有进行有效深部验证，原 ZK001 孔孔深太浅，未达到验证目的。柳塘东部南北向隐伏背斜具有与西部隐伏控矿背斜类似的综合信息标志特征，成矿地质条件有利，值得探索验证。

②米筛冲—野鹅塘预测区（A 类）。

a. 工作范围（见表 7–5）。

表 7–5　米筛冲—野鹅塘预测区坐标范围

拐点号	直角坐标 /m		地理坐标	
	X	*Y*	经度	纬度
1	2 844 700	19 665 000	112°38′37″	25°42′01″
2	2 843 600	19 666 600	112°39′34″	25°41′24″
3	2 850 450	19 671 300	112°42′26″	25°45′05″
4	2 851 600	19 669 700	112°41′29″	25°45′43″

b. 选区依据。

第一，地层构造条件有利。昭金寺—早禾田由泥盆系上统组成的背斜，在其东翼和南西倾伏端，有三条北北东和北东向断层与 C_1 t、C_1s、C_1c、C_1z、C_{2+3} 直接接触，在米筛冲、旱禾田和野鹅塘有 3 组北西西向断裂交汇。

第二，在宝山—米筛冲—昭金寺和旱禾田有两条北西西向花岗闪长斑岩和花岗斑岩岩带。米筛冲和野鹅塘有重力垂向二阶导数负异常反映的高侵位隐伏岩体，埋深在 0 m 标高附近。

第三，米筛冲地段组合元素最全，并有反映热液蚀变作用的 C–77–233 航磁异常及指示隐伏岩体存在的重力异常等，各类异常相互套合。旱禾田背斜东翼断裂带，Pb、Zn、Ag、Au、Cu、Sb、Mo、Sn、As 等地球化学异常呈断续分布。旱禾田和野鹅塘地段分别有 Pb、Zn、Cu 和 Pb、Zn、Sb 组合异常，与多金属矿化有关。

③刘家庄预测区（B 类）。

a. 工作范围（见表 7–6）。

表 7–6　刘家庄预测区坐标范围

拐点号	直角坐标 /m		地理坐标	
	X	*Y*	经度	纬度
1	2 850 750	19 673 900	112°43′59″	25°45′14″
2	2 849 400	19 675 250	112°44′47″	25°44′29″
3	2 851 150	19 677 050	112°45′53″	25°45′25″
4	2 852 550	19 675 650	112°45′03″	25°46′11″

b. 选区依据。

第一，处于桂阳东泥盆系上统背斜与东华山石炭—二叠系向斜褶皱转折结合部位，北东、北北东和东西向断裂交汇处，D_3x、（C_1—D_3）g 以断层与 C_1c、C_1z 接触，具备成矿控矿地层、构造条件。

第二，区内发育燕山早期花岗闪长岩和花岗斑岩小岩体，并有重力垂向二阶导数负异常反映的高侵位隐伏岩体，埋深在标高 0 ～ –500 m。有土壤 Pb、Zn、航磁、航电综合异常，面积 3 km^2。异常处在北东、北西向岩带的复合部位及构造交汇处。

④仁义—大坊预测区（C 类）。

a. 工作范围（见表 7–7）。

表 7–7　仁义—大坊预测区坐标范围

拐点号	直角坐标 /m		地理坐标	
	（见表 7-8）	Y	经度	纬度
1	2 850 400	19 661 000	112°36′17″	25°45′08″
2	2 848 550	19 662 900	112°37′24″	25°44′29″
3	2 853 500	19 667 750	112°40′20″	25°45′25″
4	2 855 350	19 665 900	112°39′15″	25°46′11″

b. 选区依据。

第一，预测区处于由二叠系地层组成的南北向向斜的两翼，大坊矿区在向斜西翼的大坊背斜中段石炭系壶天群灰岩中，而仁义综合异常则位于洞水塘背斜西翼的 C_1s—C_3c 中，北北东断裂切割向斜与两处相连，两者成矿地质构造条件完全相同。

第二，在仁义地表已出露两个燕山期花岗闪长岩小岩体，重力垂向二阶导数负异常反映 0 ～ –1 000 m 标高有高侵位隐伏小岩体，并有 Pb、Zn 异常出现，系隐伏多金属矿化的指示。

第三，大坊银金多金属矿已进行详查评价，但仅在两个岩体出露区开展了系统的深部评价，而矿区西南 1 700 × 1 200 m 隐伏岩体分布的空间范围内，有 Pb、Zn 异常显示，物化探工作程度较低，深部也未控制。

大坊银金多金属矿产于花岗闪长斑岩中及与石炭—二叠系碳酸盐岩的接触带、层间裂隙或构造破碎带，属中低温热液矿床。以脉状矿体为主，走向北西，倾向北东，倾角 62°～ 94°，共圈出大小矿体 74 个，其中 6

条金矿脉圈定矿体 32 个。102 号脉最长，为 3 800 m，控制深 410 m，厚 1.00～5.14 m，品位 Au 1.12～4.37 g/t, Ag 195.02～361.76 g/t, Pb+Zn 6.34%。矿区获金属储量：金 7 698 kg，银 389 t，铅 + 锌 33 633 t。

本区矿脉在花岗闪长岩和 C_{2+3} 灰岩的交替带中，主要沿构造裂隙带穿插出现。一般单个矿脉小，但断续延深大，如在 111 线 ZK11 孔（694 m），-312 m仍可见到厚4.27 m的矿脉，品位Au 1.07 g/t, Ag 244.14 g/t, Pb+Zn 6.34%。

⑤三光井预测区（C 类）。

a. 工作范围（见表 7–8）。

表 7–8　三光井预测区坐标范围

拐点号	直角坐标 /m		地理坐标	
	（见表 7–8）	Y	经度	纬度
1	2 841 700	19 668 300	112°40′34″	25°40′22″
2	2 841 700	19 669 500	112°41′17″	25°40′21″
3	2 844 500	19 669 500	112°41′18″	25°41′52″
4	2 844 500	19 668 300	112°40′35″	25°41′52″

b. 选区依据。

第一，预测区处于黄沙坪矿区宝岭南北向背斜北部倾伏端，通过背斜核部和两翼的三条走向断裂与南部黄沙坪矿区相连，面积 3.48 km²。背斜轴部出露地层为梓门桥组灰岩，以测水组为遮挡层、石磴子组灰岩为容矿层，与切穿背斜轴部的逆断层和两翼走向断裂所围限、共同构成一个完整的控矿构造系统，成矿地质构造条件与黄沙坪矿区类似。

第二，区内发现 Pb、Zn、Ag 土壤地球化学异常，地表出露一处小岩体，重力推断 –500 ～ –2 000 m 标高有隐伏花岗岩体存在。

第 8 章　矿产预测

8.1 矿产预测方法类型及预测模型区选择

按照全国统一的技术要求，结合湖南省省内钨矿床成矿地质作用特征，湖南省与全国钨矿预测方法类型的对应关系如表 8-1 所示。

表 8-1 湖南省与全国钨矿预测方法类型的对应关系

湖南省钨矿预测方法类型	全国钨矿预测方法类型
沃溪式变质碎屑岩中层控热液型钨锑金矿	层控内生型
柿竹园式矽卡岩型钨多金属矿	侵入岩体型
白石嶂式石英脉型钨钼矿	复合内生型

根据湖南省内钨矿床（点）的分布情况，结合成矿地质条件分析结果，湖南省钨矿资源量预测共划分为 22 个预测工作区，其中沃溪式变质碎屑岩中层控热液型钨锑金矿 3 个预测区，柿竹园式矽卡岩型钨多金属矿 7 个预测区，白石嶂式石英脉型钨钼矿 12 个预测区。

根据层控内生型矿床、侵入岩体型矿床和复合内生型矿床的预测要求，并结合各预测工作区的实际地质情况，一共选择了 27 个工作程度较高并具有代表性的矿床所在的最小预测区作为模型区，采用了地质体体积法进行资源量的估算。

8.2 矿产预测模型与靶区圈定

8.2.1 典型矿床预测模型

作为成矿规律研究的典型矿床，按照一个预测类型不少于一个典型矿床的原则，钨矿的 3 个预测类型共选择了 4 个具有代表性的典型矿床进行了研究：

1. *沃溪式变质碎屑岩中层控热液型钨锑金矿*

沃溪式变质碎屑岩中层控热液型钨锑金矿选择了湖南省沅陵县沃溪金锑钨矿作为典型矿床。沃溪金锑钨矿为层控内生型矿床。在典型矿床预测要素研究中，除了原来的成矿要素外，物化遥综合信息主要特征如下：重力异常不明显，化探异常中的 Au、Sb、W 异常与矿化体吻合好，无航磁异常存在，重力、航磁和遥感推断的地质构造与实测成果基本一致，但铁染、羟基、自然重砂异常与矿化体位置不吻合。

必要要素如下：成矿时代为燕山期；构造为层间破碎带及派生的羽状裂隙发育，为主要的容矿构造等。

重要要素如下：岩浆岩为重力推断隐伏岩体；构造为东西向褶皱和断裂；蚀变为硅化、黄铁矿化和褪色化；化探异常、矿体形态、产状、规模等。

次要要素主要有矿石结构构造、矿石组成等。

各要素基本情况如表 8-2 所示。

表 8-2　沅陵县沃溪钨锑金矿主要预测要素表

预测要素		特征描述	预测要素分类
成矿地质环境	成矿时代	燕山期	必要
	大地构造位置	冷家溪—怀化基底逆冲带	必要
	围岩	马底驿组紫红色板岩	重要
	构造	东西向褶皱构造发育，有利于层间破碎与断裂裂隙的发生发展。波状起伏的小背斜轴部对成矿最有利	重要
		北侧有一条东西向断裂，可见长度大于 4 km，似为导矿构造	重要
		层间破碎带及派生的羽状裂隙发育，为主要的容矿构造	必要

续 表

预测要素		特征描述	预测要素分类
成矿地质环境	岩浆岩	区内未见岩体出露，根据蚀变矿化特征，应有隐伏岩浆岩存在，或者有深大断裂与外围岩浆岩相通	重要
	蚀变	硅化、黄铁矿化和退色化是矿脉地表的出露标志	重要
矿床特征	矿体规模	有 4 个主要矿带，矿带长 50 ～ 530 m；23 个矿柱（体）单矿体长 35 ～ 350 m，斜深 180 ～ 2 283 m，厚 0.29 ～ 0.52 m	次要
	矿体形态、产状	矿带走向近东西，倾向北或北东，倾角 25° ～ 35°；单矿体呈扁豆状或藕节状、似层柱状	次要
	矿物组合	金属矿物主要有自然金、辉锑矿、白钨矿、黑钨矿、黄铁矿，其次有毒砂、闪锌矿、方铅矿、黄铜矿、黝铜矿、辉铜矿，次生矿物有锑化、钨化、黄锑华、锑赭石、水绿矾、褐铁矿等。脉石矿物以石英为主，次为绢云母、叶蜡石、方解石、绿泥石、白云石、铁白云石、磷灰石、钠长石、绿高岭石、伊利石等	次要
	结构构造	充填结构为主，其次是交代和压碎结构，条带状、角砾状、块状构造	次要
	矿石类型	有白钨—石英型，辉锑—自然金—石英型，白钨—辉锑—自然金—石英型，黄铁矿—自然金—石英型，白（黑）钨—自然金—石英细脉—蚀变板岩型。其中以白钨—辉锑—自然金—石英型最为普遍	次要
	矿石品位	Au 5.45 ～ 10.38 g/t；Sb 2.58% ～ 5.55%；WO_3 0.22% ～ 0.75%	次要
	资源储量	钨金属量 19 118 t，锑金属量 216 348 t，金金属量 45 380 kg	重要
		规模分类：大型	重要
综合信息特征	重力	无明显异常	次要
	化探	Au、Sb、W 等元素异常与矿化体吻合较好	重要

根据预测要素研究结果，以成矿要素图和成矿模式图为基础，叠加可用于预测的综合信息异常，编制了沃溪金锑钨矿的预测模型图，如图 8-1 所示。

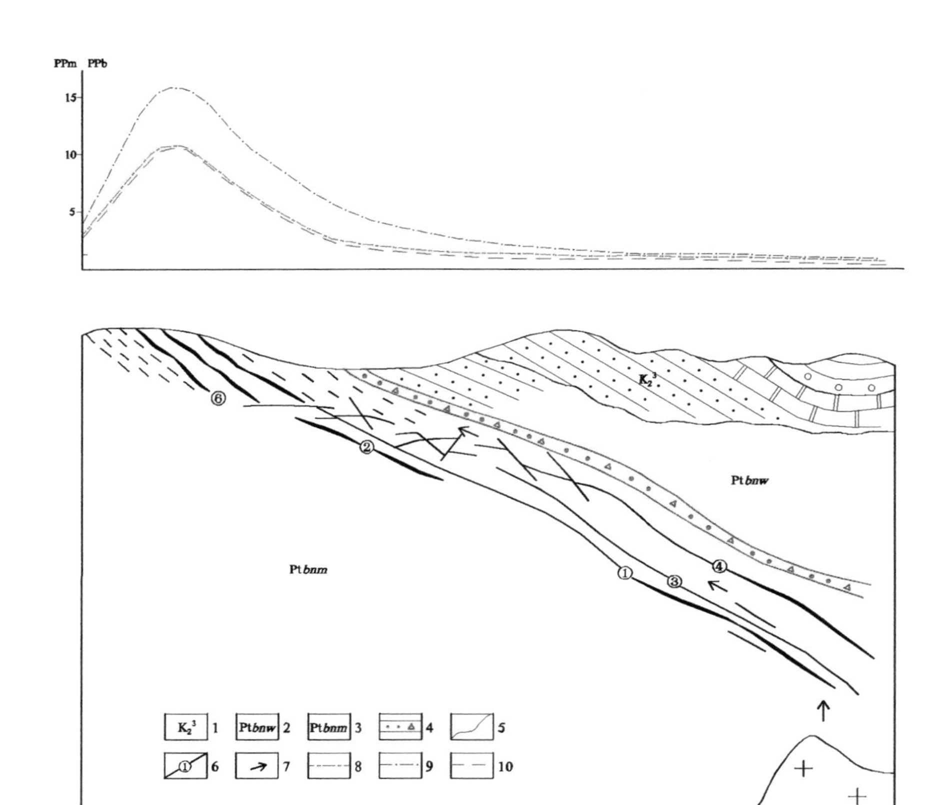

1—上白垩统红色砂砾岩；2—五强溪组石英砂岩；3—马底驿组紫红色板岩；4—沃溪断裂破碎带；5—地层不整合；6—含矿石英脉及编号；7—矿液运移方向；8—钨元素化探异常；9—锑元素化探异常；10—金元素（PPb）化探异常。

图 8–1　沃溪金锑钨矿的预测模型图

2. 柿竹园式矽卡岩型钨多金属矿

柿竹园式矽卡岩型钨多金属矿选择了湖南省郴县柿竹园钨锡钼铋多金属矿和湖南省郴县新田岭钨钼铋矿 2 个矿床作为典型矿床，它们均属于侵入岩体型矿床。在典型矿床预测要素研究中，除了原来的成矿要素外，物化遥综合信息主要特征如下：重力异常与岩体出露吻合，化探异常中的 W、Sn、Mo、Bi 异常与矿化体吻合好，无航磁异常存在，重力、航磁和遥感推断的地质构造与实测成果基本一致，但铁染、羟基、自然重砂异常与矿化体位置不吻合，根据每个典型矿床的实际综合信息特征，在成矿要素表的基础上分别编写了 2 个典型矿床的预测要素表。

必要要素如下：成矿时代为燕山期；有利地层为棋子桥组、佘田桥组碳酸盐岩类；岩浆岩为燕山期黑云母花岗岩；接触带构造为内弯部位，接触带平缓、呈波状起伏的舌形等。

重要要素如下：构造为复式向斜仰起部位的断陷；蚀变为云英岩化→矽卡岩化→大理岩化；重力异常、化探异常、岩体形态、矿体形态、产状、规模等。

次要要素如下：矿石结构构造、品位、矿石组成等。

各要素基本情况如表 8-3 所示。

表 8-3　郴县柿竹园钨锡钼铋多金属矿主要预测要素表

<table>
<tr><th colspan="2">预测要素</th><th>特征描述</th><th>预测要素分类</th></tr>
<tr><td colspan="2">成矿时代</td><td>燕山期</td><td>必要</td></tr>
<tr><td colspan="2">大地构造位置</td><td>桂东—骑田岭岩浆岩带</td><td>必要</td></tr>
<tr><td rowspan="5">有利地层</td><td>岩石地层单位</td><td>棋子桥组、佘田桥组（最密切）</td><td>必要</td></tr>
<tr><td>地层时代</td><td>中晚泥盆世</td><td>必要</td></tr>
<tr><td>岩石类型</td><td>碳酸盐岩类</td><td>必要</td></tr>
<tr><td>岩石组合</td><td>主要为泥质条带灰岩，其次为灰岩、白云质灰岩</td><td>重要</td></tr>
<tr><td>岩石特征</td><td>不纯的泥质条带灰岩有利于蚀变</td><td>重要</td></tr>
<tr><td rowspan="4">控岩构造</td><td>断裂构造</td><td>南北向和北北东向断裂交汇处是岩浆岩就位空间，北东向断裂构造控制了花岗斑岩脉的产出</td><td>必要</td></tr>
<tr><td>褶皱构造</td><td>复式向斜仰起部位的断陷</td><td>重要</td></tr>
<tr><td rowspan="2">断裂构造</td><td>走向近南北、倾向东的高角度压性逆断裂为区内的导矿构造</td><td>重要</td></tr>
<tr><td>岩体接触带之近北北东向的断裂及次一级的扭性裂隙控制了矿体的发育</td><td>必要</td></tr>
</table>

续 表

预测要素		特征描述	预测要素分类
控矿构造	接触带构造	内弯部位，接触带平缓、呈波状起伏的舌形	必要
岩浆建造与作用	侵入时代	燕山期（侵入年龄为 138 ～ 160 Ma，矿床中部分正常铅模式年龄为 124 ～ 165 Ma，两者年龄大体相当）	必要
	岩石组合	主体期有中心相中粗粒黑云母花岗岩和边缘相细粒斑状黑云母花岗岩。后期为细中粒黑云母花岗岩及花岗斑岩墙、辉绿（玢）岩脉等	必要
	岩体形态	南北向葫芦状岩株、脉状	重要
	岩浆作用影响范围	0 ～ 500 m	必要
围岩蚀变	蚀变种类	矽卡岩化（密切）、云英岩化、长石化、萤石化、大理岩化及绢云母化、叶蜡石化、绿泥石化、黄铁矿化、硅化等	必要
	蚀变分带	云英岩化→矽卡岩化→大理岩化	重要
矿床特征	矿体规模	南北长 1 000 余 m，东西宽 700 m，平均厚 150 m，最大厚度为 350 m	重要
	矿体形态、产状	似层状、透镜状、扁豆状产出，个别为不规则状	重要
	矿体方向	北北东向分布、倾向南东东，倾角 15° ～ 20°	重要
	矿石矿物组合	矿石矿物主要为白钨矿、辉铋矿、黑钨矿、辉钼矿、磁铁矿，另有锡石、萤石等。脉石矿物以石榴石、透辉石、符山石、长石、石英为主	次要
	矿石品位	WO_3 0.103 ～ 0.438；Sn 0.051 ～ 0.214；Mo 0.012 ～ 0.094；Bi 0.052 ～ 0.147；CaF_2 20.64 ～ 25.58	次要
	矿石结构构造	主要为自形晶结构、半自形晶结构、他形晶结构、交代残余结构、交代假象结构等；有浸染状构造、网脉状构造、条带状构造、块状构造等	次要
	资源储量	矿石量：35 754.2 万 t	重要
		规模分类：特大型	重要

续 表

预测要素		特征描述	预测要素分类
综合信息特征	重力	异常与岩体出露较吻合	重要
	化探	W、Sn、Mo、Bi 等元素异常与矿化体吻合较好	重要

3. **新田岭钨钼铋矿预测要素**

必要要素如下：成矿时代为燕山期；有利地层为石磴子组碳酸盐岩类；岩浆岩为燕山期黑云母花岗岩；接触带构造为岩体凹陷带、捕虏体、前缘、顶部等。

重要要素如下：构造为南北向或近南北向的褶皱、断层发育，控制着矿体的空间分布；蚀变为云英岩化、钾长石化、绢云母化→矽卡岩化→大理岩化、角岩化、硅化；重力异常、化探异常、矿体形态、产状、规模等。

次要要素如下：矿石结构构造、品位、矿石组成等。

各要素基本情况如表 8-4 所示。

表 8-4　郴州市北湖区新田岭钨矿主要预测要素表

预测要素		特征描述	预测要素分类
成矿时代		燕山期	必要
大地构造位置		桂东—骑田岭岩浆岩带	必要
有利地层	岩石地层单位	石磴子组	必要
	地层时代	早石炭世	必要
	岩石类型	碳酸盐岩类	必要
	岩石组合	主要为灰岩，其次为白云质灰岩、白云岩、泥质灰岩	重要
	岩石特征	不纯的灰岩有利于蚀变	重要

续 表

预测要素		特征描述	预测要素分类
控岩构造		耒阳—临武南北向构造带与炎陵—郴州北东向深大断裂带交会部位是岩浆岩就位空间	必要
控矿构造	断裂构造	南北向或近南北向的断层发育，控制着矿体的空间分布	重要
	褶皱构造	南北向或近南北向的褶皱发育，控制着矿体的空间分布	重要
	节理裂隙	南北向、东西向、北东向的节理裂隙十分发育，对矿化富集起到一定的作用	次要
	接触带构造	岩体凹陷带、捕虏体、前缘、顶部	必要
	围岩构造	石磴子段灰岩之上的上覆测水段砂页岩封闭构造	重要
岩浆建造与作用	侵入时代	为一复式岩体，属印支期—燕山早期的产物与成矿有关的是燕山期	必要
	岩石组合	以中粗粒黑云母花岗岩为主，次为中—细粒黑云母花岗岩	必要
	岩体形态	岩基	重要
	岩浆作用影响范围	0 ～ 500 m	必要
围岩蚀变	蚀变种类	矽卡岩化（密切）、云英岩化、钾长石化、大理岩化及绢云母化、角岩化、硅化等	必要
	蚀变分带	云英岩化、钾长石化、绢云母化—矽卡岩化—大理岩化、角岩化、硅化	重要

续 表

预测要素		特征描述	预测要素分类
矿床特征	矿体规模	主要矿体长 400 ～ 1 600 m，宽 70 ～ 870 m，平均厚 10.64 ～ 12.89 m	重要
	矿体形态、产状	似层状、透镜状、扁豆状、眼球状等	重要
	矿体方向	受产出位置不同，产状各异	重要
	矿石矿物组合	金属矿物有白钨矿、辉钼矿、辉铋矿、辉铅铋矿等；主要非金属矿物有石榴石、透辉石、石英、萤石等	次要
矿床特征	矿石品位	主要矿体 WO_3 为 0.27 ～ 0.49，全矿平均 0.37；伴生元素 Wo 0.007、Bi 0.011、Ga 0.0025、Au 0.17 g/t、Ag 1.85 g/t	次要
	矿石结构构造	主要为自形—半自形结构及它形和乳浊状结构，浸染状及团块状构造	次要
	矿石类型	矽卡岩白钨矿矿石辉钼矿—白钨矿矿石、辉钼矿—辉铋矿—白钨矿矿石、辉钼矿—辉铋矿矿石和磁黄铁矿—铁闪锌矿矿石等	次要
	资源储量	矿石量 9 564.2 万 t，钨金属量 320 477 t	重要
		规模分类：特大型	重要
综合信息特征	重力	异常与岩体出露较吻合	重要
	化探	W、Sn、Mo、Bi 等元素异常与矿化体吻合较好	重要

根据预测要素研究结果，以成矿要素图和成矿模式图为基础，叠加可用于预测的综合信息异常，分别编制了柿竹园钨锡钼铋多金属矿和新田岭钨钼铋矿的预测模型图（图 8-2、图 8-3）。

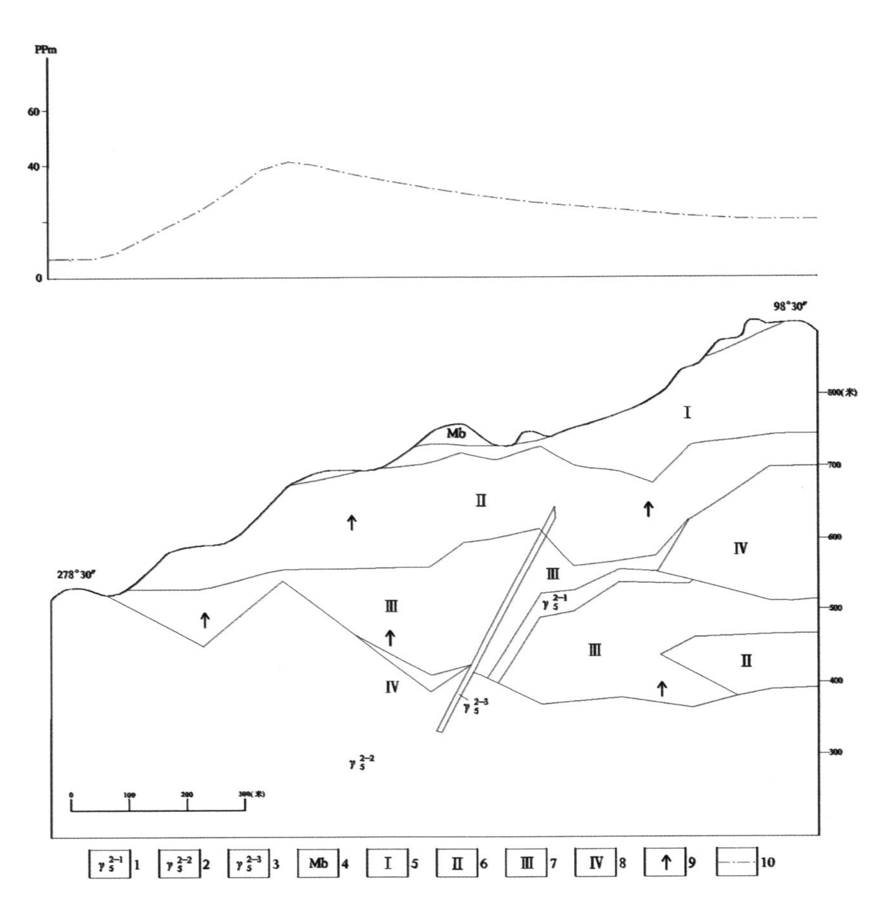

1—燕山早期第一阶段花岗岩；2—燕山早期第二阶段花岗岩；3—燕山早期第三阶段花岗岩；4—大理岩；5—网脉大理岩型矿带；6—矽卡岩型矿带；7—云英岩网脉矽卡岩复合型矿带；8—云英岩型矿带；9—热液运移方向；10—钨元素化探异常。

图 8-2　柿竹园钨锡钼铋多金属矿预测模型图

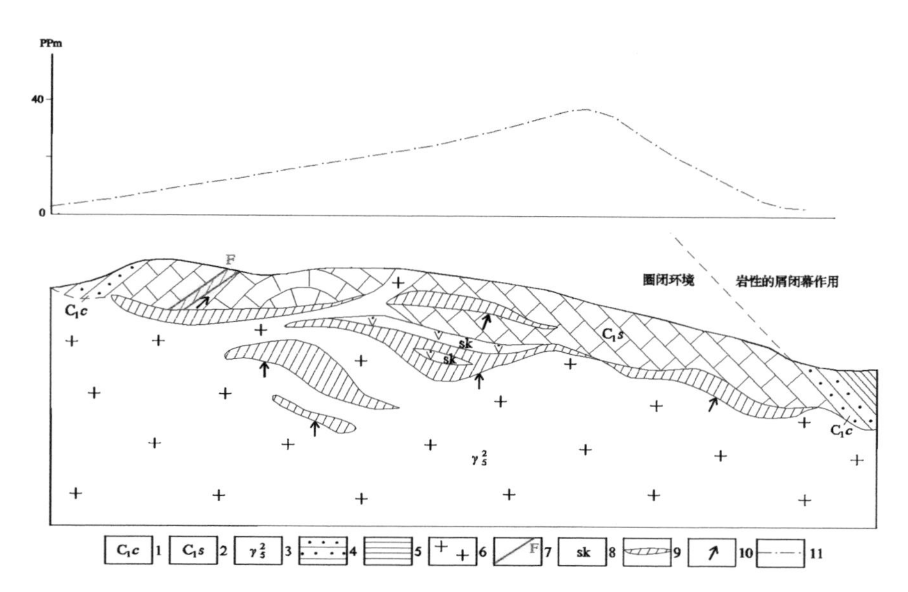

1—早石炭纪测水组；2—早石炭纪石磴子组；3—燕山期；4—砂岩；5—页岩；6—层中细粒黑云母花岗岩；7—断层；8—矽卡岩；9—矽卡岩型钨矿体；10—含矿热液运动方向；11—钨元素化探异常。

图 8-3　新田岭钨钼铋矿预测模型图

4. 白石嶂式石英脉型钨钼矿

白石嶂式石英脉型钨钼矿选择了湖南省汝城县大围山钨钼矿作为典型矿床，大围山钨钼矿属于复合内生型矿床，在典型矿床预测要素研究中，除了原来的成矿要素外，物化遥综合信息主要特征如下：重力异常不明显，化探异常中的 W、Mo、Bi 异常与矿化体吻合好，无航磁异常存在，重力、航磁和遥感推断的地质构造与实测成果基本一致，但铁染、羟基、自然重砂异常与矿化体位置不吻合。

必要要素主要有：成矿时代为燕山期；有利围岩为角岩化灰绿色变质砂岩、长石石英砂岩、粉砂质板岩、板岩，容易破碎；岩浆岩为燕山期（中）细粒黑云母花岗岩；构造为北东、北东东—北东、近南北向三组成矿断裂。

重要要素主要有：蚀变为角岩化、云英岩化、绢云母化、硅化、电气石化、绿泥石化等；化探异常、矿体形态、产状、规模等。

次要要素主要有：矿石结构构造、品位、矿石组成等。

各要素基本情况如表 8-5 所示。

表 8-5 汝城县大围山钨钼矿主要预测要素表

预测要素		特征描述	预测要素分类
成矿地质环境	成矿时代	燕山期	必要
	大地构造位置	桂东—骑田岭岩浆岩带	必要
	围岩	震旦系角岩化灰绿色变质砂岩、长石石英砂岩、粉砂质板岩、板岩，容易破碎	必要
	断裂构造	北东向成矿前断裂一般规模较大，控制岩浆岩侵入	重要
		北东、北东东—北东、近南北向三组成矿期断裂发育，控制矿体分布	必要
		成矿后断裂不发育	次要
	褶皱构造	发育一向南西方向倾伏的背斜，但形态不很完整，与成矿关系不明显	次要
	岩浆岩	燕山期中粗粒斑状黑云母（二长）花岗岩、（中）细粒黑云母花岗岩（与矿化有关）	必要
	蚀变	有角岩化、云英岩化、绢云母化、硅化、电气石化、绿泥石化等	重要

续 表

预测要素		特征描述	预测要素分类
矿床特征	矿体规模	两个脉组，长 800 ～ 1 000 m，宽 50 ～ 200 m，地表为细脉带，往下脉幅逐渐增大	重要
	矿体形态、产状	脉状，走向北东或近南北，倾向南东或东，倾角 80° 左右	重要
	矿物组合	金属矿物主要有黑钨矿、辉钼矿、辉铋矿，其次有白钨矿、绿柱石、自然铋、黄铜矿、毒砂、黄铁矿、磁黄铁矿；非金属矿物 10 种，主要为石英，其次有长石、白云母、电气石、绢云母、绿泥石、方解石、萤石、黄玉、方柱石等	次要
	结构构造	自形晶结构、半自形—它形晶结构、交代残余结构、乳浊状结构、网状结构；浸染状构造、团块状构造、条带状构造等	次要
	矿石类型	黑钨矿、辉钼矿（辉铋矿）–石英型	
	矿石品位/%	WO_3 0.10 ～ 3.50；Mo 0.10 ～ 1.50；Bi 0.05 ～ 0.30；Be 0.04 ～ 0.15	次要
	资源储量	WO_3 5 030.05 t，Mo 2 214.88 t	重要
		规模分类：中型	重要
	露头	有矿化石英脉体露头	重要
综合信息特征	重力	无明显异常反映	次要
	化探	W、Mo、Bi 等元素异常存在，并与矿化地段基本吻合	重要

根据预测要素研究结果，以成矿要素图和成矿模式图为基础，叠加可用于预测的综合信息异常，编制了大围山钨钼矿的预测模型图（图 8–4）。

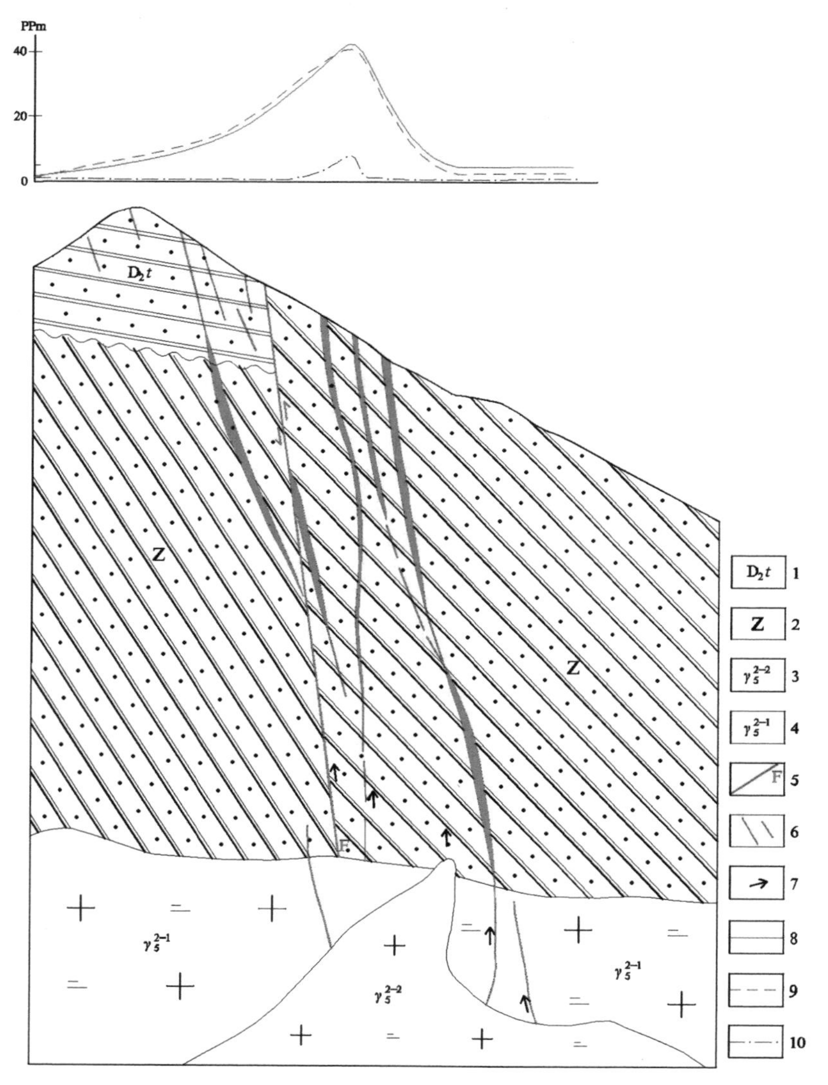

1—中泥盆系跳马涧组石英砂岩；2—震旦系砂质板岩、砂岩；3—燕山期第二阶段细粒黑云母花岗岩；4—燕山期第一阶段中粒斑状黑云母（二长）花岗岩；5—断层；6—钨钼矿脉；7—成矿热液运移方向；8—锡元素化探异常；9—钨元素化探异常；10—铋元素化探异常。

图 8–4　大围山钨钼矿的预测模型图

8.2.2 预测区圈定

预测区的圈定分矿种、按预测类型进行，以区域预测要素图为基础，采用地质体单元法圈定预测远景区。本次评价预测的是钨矿，共有 3 个预测类型，采用地质体单元法划分预测远景区或预测单元时，应按综合地质信息找矿模型的地质特征、成矿必要要素和重要要素来划分，并遵循下列原则：

（1）在最小的预测区内，发现矿床的可能性最大，漏掉矿可能性最小，即最小面积最大含矿和最小漏矿的原则。

（2）多种信息联合使用时，应以地质信息为基础，以地磁、重力异常为先导，地、物等成矿信息综合标志确定预测区的界线。

（3）结合预测变量的分布情况确定分区范围，一般情况下，单个预测区不能跨越同一预测变量的不同区域。

（4）预测区的圈定要详细、统一，使数据具有可比性，本次工作比例尺精度为 1 ∶ 100 000，因此预测区的面积原则上不超过 50 km^2，根据前 3 个原则，尽可能做到面积最小化。

8.3 资源量定量估算

8.3.1 模型区预测资源量及估算参数

这里所说的模型区是指模型矿床所在的最小预测区。本次钨矿预测共选择了 26 个模型区。不同的预测工作区，所探明矿床的数量、规模、工作程度都是不同的，本次核实工作中，在选择模型区时，对模型区内已知矿床在预测工作区内的代表性，其地质工作程度、资源量规模、控制深度、矿层厚度、平均品位、体重等方面均进行了综合考察，选择有代表性的最小预测区作为模型区。对于少数没有已探明资源量的预测工作区，采用就近的原则选择相近的预测工作区内的和其成矿条件相似的且有已探明储量的矿床所在的最小预测区作为模型区。

1. 模型区总资源量的确定

如果模型区内只有一个已知模型矿床时，就将该模型矿床的总资源量作为模型区的总资源量，26个模型区中有24个属于此类；如果模型区内有2个或2个以上的已知矿床时，模型区的总资源量以多个矿床的总资源量累加获得，属于此类的是邓阜仙—锡田预测工作区和万洋山—诸广山预测工作区内的模型区，具体如表8-6所示。

表8-6 模型区总资源量及其估算参数一

预测工作区名称	模型区名称	总资源量（t）	面积（m²）	延深（m）	含矿地质体面积（m²）	含矿地质体面积参数
沅陵—桃江地区	沅陵县湘西金矿沃溪矿区	34 940.49	46 499 224	800	46 499 224	1
白马山—瓦屋塘地区	新化县古台山金锑矿	31.2	5 864 119	300	5 864 119	1
蕉溪岭—七宝山地区	桂阳县黄沙坪铅锌矿南部铁矿	9 242.8	2 087 891	1 050	2 087 891	1
大乘山—龙山地区	新邵县分水坳铁矿	43 804	1 836 862	200	1 836 862	1
邓阜仙—锡田地区	汝城县塘丘钨矿	12 050	810 000	100	810 000	1
水口山—大义山地区	常宁县瓦文钨矿	7 310.4	6 405 844	400	6 405 844	1
香花岭—千里山地区	宜章县瑶岗仙钨矿白钨矿区	181 709.2	2 428 595	700	2 428 595	1
都庞岭—九嶷山地区	江华县河路口钨锡矿	17 031	4 541 279	450	4 541 279	1
万洋山—诸广山地区	汝城县砖头坳矿区钨矿	102 133.3	1 340 836	450	1 340 000	1

续 表

预测工作区名称	模型区名称	总资源量（t）	面积（m²）	延深（m）	含矿地质体面积（m²）	含矿地质体面积参数
沅陵—桃江地区	安化县唐溪乡大溶溪	42 910	40 302 411	350	40 302 411	1
幕阜山—望乡地区	临湘市崔家坳钨矿	4 102	28 771 245	700	28 771 245	1
蕉溪岭—七宝山地区	浏阳市蕉溪岭钨矿	6 774.78	10 858 457	550	10 858 457	1
沩山—紫云山地区	安化司徒铺矿区钨矿	29 262.5	7 201 278	500	7 201 278	1
白马山—瓦屋塘地区	洪江市栗山坝钨矿区	2 058	7 771 910	300	7 771 910	1
将军庙—丫江桥地区	衡南县川口矿田窑木岭钨矿	47 188.71	3 526 240	440	3 526 240	1
邓阜仙—锡田地区	茶陵县湘东钽铌矿区金竹垄矿段—邓阜仙钨矿	48 815.52	12 524 766	600	12 524 766	1
五团—苗儿山—越城岭地区	东安县东安钨矿椅山界区	10 771.5	8 473 573	450	8 473 573	1
	东安县东安钨矿赵家岭区	7 259	13 284 126	350	13 284 126	1
	东安县东安钨矿大坝田区	1 443.4	11 103 461	350	11 103 461	1
	新宁县高挂山钨矿	3 102	6 142 215	300	6 142 215	1
阳明山—塔山地区	郴州市北湖区奇古岭锡矿区	1 308.83	101 089 434	125	101 089 434	1
万洋山—诸广山地区	资兴县杨梅坑矿白钨矿—圳口钨铋矿	21 961.11	15 352 504	250	15 352 504	1

续　表

预测工作区名称	模型区名称	总资源量（t）	面积（m²）	延深（m）	含矿地质体面积（m²）	含矿地质体面积参数
香花岭—千里山地区	郴州市北湖区奇古岭锡矿区	1 308.83	101 089 434	125	101 089 434	1
	郴县红旗岭矿区锡多金属矿区	18 690.24	46 298 012	600	46 298 012	1
	宜章县瑶岗仙钨矿	90 121.5	49 831 654	300	49 831 654	1
都庞岭—九嶷山地区	道县湘源锡矿区尚家坪矿段	1 941	63 121 933	200	63 121 933	1

2. 模型区面积的确定

模型区面积采用的是模型矿床所在最小预测区面积。

沃溪式钨矿的最小预测区的圈定方法：根据对其成矿规律的研究，已知的沃溪式矿床（点）几乎都分布在已知大断层、磁法推断大断层及遥感解译大断层附近，而沃溪式钨矿属于层控内生型矿床，其形成与砂岩地层有直接的关系，因此根据专家意见，对所有实测和推断的大断层做一定距离的缓冲区（buffer），与砂岩地层做相交分析，再综合叠加物化探异常即得到最小预测区。基本反映含矿地质体在预测深度内的水平投影面积。

柿竹园式钨矿属于矽卡岩型，其最小预测区的圈定采用的是碳酸盐岩地层、岩浆岩影响范围两个必要要素相交的范围，再综合叠加物化探异常范围确定，基本反映含矿地质体在预测深度内的水平投影面积。

白石嶂式钨矿的最小预测区的圈定方法：白石嶂式钨矿属于石英脉型，其最小预测区的圈定采用的是断层的影响范围和岩浆岩影响范围两个必要要素相交的区域，再综合叠加物化探异常范围确定，也基本反映含矿地质体在预测深度内的水平投影面积。

3. 延深的确定

模型区的延深，采用模型区内模型矿床总延深。

8.3.2 模型区含矿系数的确定

模型区含矿系数由模型区资源总量除以模型区含矿地质体体积，模型区含矿地质体体积为前面确定的模型区面积乘延深。如果预测工作有 2 个或 2 个以上的模型区，则将其算术平均值作为整个预测工作区的含矿系数，并将该系数作为整个预测工作区最小预测区资源量估算的参数。

根据上述方法，确定的钨矿不同预测类型、不同预测工作区的模型区含矿系数具体如表 8–7 所示。

表 8–7　模型区总资源量及其估算参数二

预测工作区名称	模型区名称	总资源量（t）	含矿地质体体积（m^3）	含矿系数（$t \cdot m^{-3}$）
沅陵—桃江地区	沅陵县湘西金矿沃溪矿区	34 940.49	37 199 379 200	0.000 000 393
白马山—瓦屋塘地区	新化县古台山金锑矿	31.2	1 759 235 700	0.000 000 177
蕉溪岭—七宝山地区	桂阳县黄沙坪铅锌矿南部铁矿	9 242.8	1 148 340 050	0.000 008 488
大乘山—龙山地区	新邵县分水坳铁矿	43 804	367 372 400	0.000 119 360
邓阜仙—锡田地区	汝城县塘丘钨矿	12 050	81 000 000	0.000 148 654
水口山—大义山地区	常宁县瓦文钨矿	7 310.4	2 562 337 600	0.000 002 530
香花岭—千里山地区	宜章县瑶岗仙钨矿白钨矿区	181 709.2	1 700 016 500	0.000 106 867
都庞岭—九嶷山地区	江华县河路口钨锡矿	17 031	2 043 575 550	0.000 008 339
万洋山—诸广山地区	汝城县砖头坳矿区钨矿	102 133.3	603 376 200	0.000 169 700
沅陵—桃江地区	安化县唐溪乡大溶溪	42 910	14 105 843 850	0.000 003 420
幕阜山—望乡地区	临湘市崔家坳钨矿	4 102	20 139 871 500	0.000 000 037
蕉溪岭—七宝山地区	浏阳市蕉溪岭钨矿	6 774.78	5 972 151 350	0.000 001 340

续 表

预测工作区名称	模型区名称	总资源量（t）	含矿地质体体积（m³）	含矿系数（t·m⁻³）
沩山—紫云山地区	安化司徒铺矿区钨矿	29 262.5	3 600 639 000	0.000 008 270
白马山—瓦屋塘地区	洪江市栗山坝钨矿区	2 058	2 331 573 000	0.000 000 827
将军庙—丫江桥地区	衡南县川口矿田窑木岭钨矿	47 188.71	1 551 545 600	0.000 030 140
邓阜仙—锡田地区	茶陵县湘东钽铌矿区金竹垄矿段—邓阜仙钨矿	48 815.52	7 514 859 600	0.000 006 959
五团—苗儿山—越城岭地区	东安县东安钨矿椅山界区	10 771.5	3 813 107 850	0.000 002 249
	东安县东安钨矿赵家岭区	7 259	4 649 444 100	0.000 001 613
	东安县东安钨矿大坝田区	1 443.4	3 886 211 350	0.000 000 714
	新宁县高挂山钨矿	3 102	1 842 664 500	0.000 001 834
	平均			0.000 001 908
阳明山—塔山地区	郴州市北湖区奇古岭锡矿区	1 308.83	12 636 179 250	0.000 000 040
万洋山—诸广山地区	资兴县杨梅坑矿白钨矿—圳口钨铋矿	21 961.11	3 838 126 000	0.000 005 218
香花岭—千里山地区	郴州市北湖区奇古岭锡矿区	1 308.83	12 636 179 250	0.000 000 040
	郴县红旗岭矿区锡多金属矿区	18 690.24	27 778 807 200	0.000 000 728
	宜章县瑶岗仙钨矿	90 121.5	14 949 496 200	0.000 006 284
	平均			0.000 004 669
都庞岭—九嶷山地区	道县湘源锡矿区尚家坪矿段	1 941	12 624 386 600	0.000 000 538

8.3.3 最小预测区预测资源量及其估算参数

1. 面积的圈定方法及圈定结果

最小预测区的圈定方法和原则在 8.2 中的预测区圈定中进行了详细的阐述，在此不再赘述。在经过定位预测按成矿概率值的大小进行分类之后，21 个预测工作区最终圈定的最小预测区为 226 个，绝大部分面积都在 20 km^2 以内，占 88.9%，占总数的 98.8%，极个别面积超过 50 km^2。

2. 延深参数的确定及结果

最小预测区的延深大小主要参考模型区内模型矿床总延深，结合每个最小预测区的实际地质情况加以最终确定，一般来说最小预测区的延深取值要小于该预测工作区内模型区模型矿床总延深，这是由于本次预测的资源量级别是从 334—1 到 334—3，根据模型矿床总延深估算出的模型区的总资源量的级别相当于 334—1，而其他最小预测区预测的资源量级别为 334—2 和 334—3。各最小预测区的延深数值最小为 100 m，最大 1 050 m，一般为 300 ～ 500 m。

3. 品位和体重的确定

最小预测区的品位和体重参数与模型区中已知矿床的品位和体重参数一致。

4. 相似系数的确定

最小预测区的相似系数采用的是 MORAS 软件中计算出来的成矿概率。

5. 最小预测区预测资源量估算

最小预测区预测资源量的估算主要采用地质体体积法，由于最小预测区的面积基本反映含矿地质体在预测深度内的水平投影面积，也就是说含矿地质体可以确切圈定边界，故本次应用含矿地质体预测资源量的计算公式如下：

$$Z_{体} = S_{体} \times H_{预} \times K \times \alpha$$

式中：$Z_{体}$为最小预测区中含矿地质体预测资源量；$S_{体}$为含矿地质体面积；$H_{预}$为含矿地质体延深（指矿化范围的最大延深）；K 为模型区含矿地质体含矿系数；α 为相似系数。

根据之前确定的每个最小预测区的参数，利用上述公式估算每个最小预测区的资源量。

根据各个最小预测区的预测参数，利用地质体体积法即可算出其资源量。本次预测的钨的总资源量为 6 164 608 t，其中已探明资源量为 2 072 409 t，预测资源量为 4 092 199 t；而用于资源量计算的 27 个模型矿床的钨的平均品位值为 0.59%，由此可以推算出湖南省钨的总矿石量为 104 131.89 万 t。

第 9 章　成矿规律总结

9.1 成矿区带划分

9.1.1 成矿区带划分原则

湖南省成矿区（带）划分方案（以下简称“省级方案”）是基于地质出版社 2008 年 10 月出版的全国重要矿产和区域成矿规律研究项目系列丛书之一《中国成矿区带划分方案》（以下简称“全国方案”）进行的。

“省级方案”中整个湖南省都归属于滨太平洋成矿域，Ⅱ级成矿省（亚省）和Ⅲ级成矿区带的命名和编号与“全国方案”完全相同，Ⅱ级成矿省（亚省）共划分为 3 个，分别是上扬子成矿亚省（Ⅱ–15B）、下扬子成矿亚省（Ⅱ–15A）和华南成矿省（Ⅱ–16）。Ⅲ级成矿区带共划分为 11 个。

“省级方案”中的Ⅳ级成矿带是以本省大地构造分区的四级构造单元为基础，结合本省的矿产分布情况确定，共划分出 20 个Ⅳ级成矿带，Ⅳ级成矿带的面积和等于国土面积。不同构造阶段，可划分出不同的大地构造分区，本书在划分成矿区带时进行了综合考虑，已知矿产的分布也是Ⅳ级成矿区带的划分的一个重要因素。这些因素还是Ⅳ级成矿区带命名的主要依据。

Ⅴ级成矿区是指现在的或潜在的矿化集中区，是矿产资源潜力评价和矿产预测的最基本单元，Ⅴ级成矿区带基本划分到矿田，Ⅴ级成矿区面积总和小于国土面积。湖南省初步划分了 26 个Ⅴ级钨矿成矿区。

湖南省钨矿成矿区带划分如表 9–1 所示。

表 9-1　湖南省钨矿成矿区带划分表

Ⅱ级成矿区带名称及编号	Ⅲ级成矿区带名称及编号	Ⅳ级成矿区带名称及编号	Ⅴ级成矿区带	
			编号	名称
Ⅱ -15B 上扬子成矿亚省	Ⅲ -77—②湘鄂西—黔中南 Hg—Sb—Au—Fe—Mn—(Sn—W)—磷—铝土矿—硫铁矿—石墨成矿亚带	Ⅳ -1 龙山—石门铁磷铅锌多金属成矿带		
		Ⅳ -2 慈利—花垣锰铅锌汞多金属成矿带		
	Ⅲ -78 江南隆起西段 Sn—W—Au—Sb—Fe—Mn—Cu—重晶石—滑石成矿带	Ⅳ -3 沅陵—麻阳锰磷铜铅锌多金属成矿带		
		Ⅳ -4 益阳—怀化磷钨锑金多金属成矿带	Ⅴ -1	辰山钨矿成矿区
			Ⅴ -2	桃江钨矿成矿区
		Ⅳ -5 洪江—桂北铁锰钨铜钴镍成矿带	Ⅴ -3	苗儿山钨矿成矿区
		Ⅳ -6 白马山穹隆金锑多金属成矿区	Ⅴ -4	白马山钨矿成矿区
			Ⅴ -5	崇阳坪钨矿成矿区
Ⅱ -15A 下扬子成矿亚省	Ⅲ -72 江汉—洞庭(断陷)石膏—盐类—石油—天然气成矿区	Ⅳ -7 南洞庭坳陷稀土成矿区		
	Ⅲ -69-⑤幕阜山—九华山 Pb—Zn—Sn—W—Mo—Nb—Ta 萤石成矿亚带	Ⅳ -8 临湘—蒲圻钨铜多金属成矿区	Ⅴ -6	张邦源钨矿成矿区
	Ⅲ -70 江南隆起东段 Au—Ag—Pb—Zn—W—Mn—V—萤石成矿带	Ⅳ -9 幕阜山—紫云山锰磷铜金铅锌多金属稀土成矿带	Ⅴ -7	望湘钨矿成矿区
			Ⅴ -8	沩山钨矿成矿区
			Ⅴ -9	紫云山钨矿成矿区
		Ⅳ -10 七宝山—将军庙磷金铜铅锌多金属成矿带	Ⅴ -10	连云山钨矿成矿区
			Ⅴ -11	将军庙钨矿成矿区

续表

Ⅱ级成矿区带名称及编号	Ⅲ级成矿区带名称及编号	Ⅳ级成矿区带名称及编号	Ⅴ级成矿区带	
			编号	名称
Ⅱ-15A 下扬子成矿亚省	Ⅲ-71-①萍乡—德兴 Cu—Pb—Zn—Ag—Au—W—Mn—海泡石—硅灰石成矿亚带	Ⅳ-11 泗汾—萍乡金成矿区		
	Ⅲ-71-② 武功山—北武夷山 Fe—W—Sn—Cu—Pb—Zn—Ag—Au—Rm—叶蜡石—瓷石—石膏成矿亚带	Ⅳ-12 衡阳盆地铜铅锌重晶石成矿区		
		Ⅳ-13 邓阜仙—五峰仙铁钨锡铅锌多金属成矿区	Ⅴ-12	邓阜仙钨矿成矿区
Ⅱ-16 华南成矿省	Ⅲ-86-①湘中 Pb—Zn—Sb—Au—Fe—W—Mn 成矿亚带	Ⅳ-14 湘中铁锰钨锑金铅锌多金属成矿区	Ⅴ-13	天龙山钨矿成矿区
			Ⅴ-14	舜皇山钨矿成矿区
	Ⅲ-83-③南岭西段（湘西南—桂东北隆起）W—Sn—Au—Ag—Pb—Zn—Mn—Cu—Rm—REE 成矿亚带	Ⅳ-15 阳明山—塔山锡多金属成矿区	Ⅴ-15	阳明山—塔山钨矿成矿区
		Ⅳ-16 都庞岭—九嶷山铁锰钨锡铅锌多金属稀土成矿带	Ⅴ-16	都庞岭—铜山岭钨矿成矿区
			Ⅴ-17	九嶷山钨矿成矿区
			Ⅴ-18	姑婆山钨矿成矿区
	Ⅲ-83-②南岭中段（湘南—粤北坳陷）Pb—Zn—Ag—Sn—W—Mo—Bi—Mn—Cu—RM—REE 成矿亚带	Ⅳ-17 锡田钨锡多金属铌钽成矿区	Ⅴ-19	锡田钨矿成矿区
		Ⅳ-18 水口山—香花岭钨锡铅锌金银多金属成矿带	Ⅴ-20	大义山—上堡钨矿成矿区
			Ⅴ-21	香花岭钨矿成矿区
		Ⅳ-19 千里山—骑田岭钨锡钼铋铅锌银多金属稀土成矿区	Ⅴ-22	千里山—瑶岗仙钨矿成矿区
			Ⅴ-23	骑田岭钨矿成矿区
			Ⅴ-24	大东山钨矿成矿区

续 表

Ⅱ级成矿区带名称及编号	Ⅲ级成矿区带名称及编号	Ⅳ级成矿区带名称及编号	Ⅴ级成矿区带	
			编号	名称
Ⅱ -16 华南成矿省	Ⅲ -83- ①南岭东段（赣南隆起）W—Sn—Mo—Be—REE—Pb—Zn—Au—成矿亚带	Ⅳ -20 万洋山—诸广山钨锡多金属稀土成矿区	Ⅴ -25	彭公庙—桂东钨矿成矿区
			Ⅴ -26	小垣—益将钨矿成矿区

9.1.2 Ⅳ、Ⅴ级成矿区带特征

1. 上扬子成矿亚省

（1）湘鄂西—黔中南 Hg—Sb—Au—Fe—Mn—（Sn—W）—磷—铝土矿—硫铁矿—石墨成矿亚带。

①Ⅳ -1 龙山—石门铁磷铅锌多金属成矿带。该成矿带主要分布于湘西北桑植、龙山、石门一带，大地构造位置处于上扬子区八面山台褶带和恩施—黔江台褶束。含矿地层岩性为震旦系陡山沱组、灯影组白云岩；下寒武统牛蹄塘黑色页岩、硅质岩、灰岩；下奥陶统南津关组白云岩上泥盆统写经寺组下部和黄家磴组下段砂质页岩等。

代表性矿床有石门东山峰磷矿、石门县太清山铁矿、龙山江家垭和下光荣铅锌矿。

②Ⅳ -2 慈利—花垣锰铅锌汞多金属成矿带。该成矿带位于上扬子地块东南缘，受控于北东向茶洞—保靖—张家界断裂为西边界和北北东向凤凰—吉首—张家界断裂为东界的楔状地段。出露地层自元古界板溪群至第四系均有分布，以寒武、奥陶系发育最为完整，分布最广，是铅锌汞矿的主要赋矿层位；元古界南华系湘锰组碳酸盐岩是该区主要的含锰层位。

代表性矿床有花垣狮子山铅锌矿和花垣李梅铅锌矿（统称花垣铅锌矿田）；凤凰茶田汞矿；花垣民乐锰矿等。

（2）江南隆起西段 Sn—W—Au—Sb—Fe—Mn—Cu—重晶石—滑石成矿带。

①Ⅳ -3 沅陵—麻阳锰磷铜铅锌多金属成矿带。该成矿带位于上扬子地块东南缘江南隆起西段北东缘，受控于北东向桃源—沅陵—麻阳构造盆地。盆地中心出露地层为白垩系，盆地边缘和盆地中局部隆起区为奥陶—青白口系。构造表现为北东走向的紧密褶皱和断裂。白垩系是铜矿主要赋存层位，含矿岩系厚度超过 500 m。寒武、奥陶系是铅锌汞矿的主要赋矿层位；元古界南华系湘锰组碳酸盐岩是该区主要的含锰层位。磷矿主要赋存于震旦系陡山沱组地层中。

代表性矿床有麻阳九曲湾铜矿、古丈天平界竹溪段磷矿、泸溪洗溪磷矿等。

②Ⅳ -4 益阳—怀化磷钨锑金多金属成矿带。该成矿带处于江南地块湖南境内的弧形地段，分布范围东起益阳，经桃江、常德、安化，西至怀化、新晃。出露地层以元古界冷家溪群、板溪群、震旦系、下古生界为主。钨锑金铜铅锌矿产的赋矿地层主要为冷家溪群和板溪群。

代表性矿床有益阳金矿、桃江板溪锑矿、安化渣滓溪钨锑金矿、沅陵池坪铅锌矿、沅陵马底驿铜矿等。

钨矿可圈出 2 个Ⅴ级成矿区。

一是Ⅴ -1 辰山钨矿成矿区。成矿区受江南隆起沃溪—辰山段蓟县—青白口系紧密褶皱断裂构造控制，总体走向北东东，面积 4 618 km^2，区内发现中型钨矿床 2 处，探明钨矿资源量 7 万 t。钨矿产于青白口系变质碎屑岩的层间破碎带中，矿体呈似层状、脉状，矿体走向长 50 ～ 350 m，厚 0.1 ～ 3.0 m，平均厚 0.53 m，倾斜长 180 ～ 2 300 m，矿石品位 Au 8.27g/t、Sb 3.11%、WO_3 0.43%、S 4.08%，代表性矿床为沅陵县沃溪钨矿和安化县唐溪乡大溶溪钨矿。区内预测钨矿资源潜力达 11 万 t。

二是Ⅴ -2 桃江钨矿成矿区。成矿区受江南隆起桃江段蓟县—青白口系紧密褶皱断裂构造控制，总体走向近东西，面积 3 315 km^2，区内发现小型钨矿床2处，探明钨矿资源量0.03万t。钨矿产于蓟县系、青白口系变质碎屑岩的破碎蚀变带中，矿体呈脉状，代表性矿床有桃江县西冲钨金矿。区内预测钨矿资源潜力达10万t。

③Ⅳ–5洪江—桂北铁锰钨铜钴镍成矿带。该区地层自元古界至第四系均有出露。其中，元古界板溪群为一套灰绿色变质砂岩、板岩、层凝灰岩、碳酸盐岩组合；板溪群五强溪组变质砂岩是湘西地区重要的金矿赋矿层位；马底驿组炭质板岩具铜矿化，形成变质型铜矿；南华系和震旦系在本区分布范围最大，占90%以上面积，南华系是该区主要的铁、锰赋矿层位。根据前人资料将南华系划分为江口组、湘锰组、南沱组，而江口组是本区江口式铁矿的主要赋矿层位，湘锰组是湘潭式锰矿的主要赋矿层位。

钨矿可圈出1个Ⅴ级成矿区，即Ⅴ–3苗儿山钨矿成矿区。成矿区受苗儿山花岗岩体外接触带青白口系紧密褶皱断裂构造控制，总体走向近南北，面积3 783 km^2，区内仅发现9处钨矿点。钨矿产于内外接触带的断裂破碎带中，矿体呈脉状。区内预测钨矿资源潜力达3万t。

④Ⅳ–6白马山穹隆金锑多金属成矿区。成矿区受白马山穹隆控制，核部由花岗岩及浅变质板溪群组成，翼部为震旦系、寒武系、奥陶系、志留系。核部花岗岩以加里东期白马山花岗岩为主体，呈南北向大岩基，印支期望云山岩体呈东西向侵入其中，两者近十字相交。燕山期岩枝、岩脉散布于两前期岩体中。穹隆总体呈南北走向的椭圆形，边部发育北东向、北西向次级褶皱，北东—北北东向断裂发育，次为北西向、东西向，穹隆东西两侧均发现北东向韧性剪切带。

区内金化探及重砂异常十分发育，绕穹隆周边分布。成矿以金为主，次为锑，部分矿床锑金共生。此外，也有与岩浆作用有关的铜、钨、铅锌、砷矿点。金矿床（点）数量较多，分布于岩体外带板溪群，震旦系地层中，已知有古台山、白竹坪、金山里、杏枫山、太阳山等小型矿床，还有较多砂金矿点。金矿主要类型为石英脉型或蚀变破碎带型，自古台山往南至槎江一带已发现韧性剪切带含矿。

钨矿可圈出 2 个Ⅴ级成矿区。

一是Ⅴ –4 白马山钨矿成矿区。成矿区受白马山花岗岩体外接触带青白口系—南华系紧密褶皱断裂构造控制，总体走向近东西，面积 4 687 km²，区内仅发现 9 处钨矿点。钨矿产于内外接触带的断裂破碎带中，矿体呈脉状。区内预测钨矿资源潜力达 1 万 t。

二是Ⅴ –5 崇阳坪钨矿成矿区。成矿区受崇阳坪花岗岩体外接触带青白口系—南华系紧密褶皱断裂构造控制，总体走向近南北，面积 1 306 km²，区内仅发现 1 处钨矿点。钨矿产于内外接触带的断裂破碎带中，矿体呈脉状。区内预测钨矿资源潜力达 0.5 万 t。

2. 下扬子成矿亚省

（1）江汉—洞庭（断陷）石膏—盐类—石油—天然气成矿区。

Ⅳ –7 南洞庭坳陷稀土成矿区。该成区主要分布于南县、沅江一带凹陷盆地中，为江汉断陷南西部的一个次级构造单元，是晚白垩世受基底断裂活动影响而形成的地堑式凹陷，主要受北西向和北东向两组断裂的控制，平面上呈菱形。由于断裂活动的差异和局部隆起的不同，凹陷内部呈现多个沉积中心和基底隆起，白垩—第四系厚达万米。隆起区有花岗岩分布处，形成稀土独居石砂矿，南东缘有第四系砂金矿。

代表性矿床主要有华容县稀土独居石砂矿、汨罗归义砂金矿等。

（2）幕阜山—九华山 Pb—Zn—Sn—W—Mo—Nb—Ta 萤石成矿亚带。

Ⅳ –8 临湘—蒲圻钨铜多金属成矿区位于扬子陆块东南缘之临湘东西向构造带（华容—临湘褶冲带）南缘。区内广泛出露中元古界长城系、蓟县系浅变质岩系，属活动型复理石建造，为区内褶皱基底；岩浆岩有花岗斑岩脉；构造运动期次主要有武陵期和印支—燕山期，不同构造期次变形特征各异。武陵期主要为北西西向紧闭的倒转褶皱，伴有北西西—南东东向区域性断裂构造形迹。印支—燕山期塑造并定型了区内构造格架。该期断裂的形成与叠加及花岗岩的侵入构成了良好的成矿地质条件。

目前已发现矿产 14 种，金属矿产主要有铅、锌、钨、锑、金、铍、铌、钽等。非金属矿产有钾长石、白云石、萤石、磷、钒、石煤等。

钨矿可圈出 1 个Ⅴ级成矿区，即Ⅴ -6 张邦源钨矿成矿区。成矿区受花岗岩体外接触带蓟县系紧密褶皱断裂构造控制，总体走向近东西，面积 1 209 km²，区内仅发现小型钨矿床 1 处，探明钨矿资源量 0.3 万 t。钨矿产于花岗岩体内外接触带的断裂破碎带中，矿体呈脉状。代表性矿床有临湘市崔家坳钨矿。区内预测钨矿资源潜力达 1 万 t。

（3）江南隆起东段 Au—Ag—Pb—Zn—W—Mn—V—萤石成矿带。

①Ⅳ -9 幕阜山—紫云山锰磷铜金铅锌多金属稀土成矿带。北段位于湘鄂赣三省交界处，区内主要出露地层为中元古界冷家溪群，震旦系及古生界寒武系至奥陶系地层，构成幕阜山复背斜。区内构造总体为近东西向，表现为以早期的褶皱基底构造经印支运动与盖层组成统一的近东西向逆冲推覆褶皱构造，叠加燕山期运动形成的北北东向断裂构造。构造控矿作用明显，幕阜山复背斜控制九宫山、沙店、通城等体的产出，幕阜山复背斜的北侧的次级背斜是控制矿化的有利地段，成岩期后的断裂活动（西北）与先成的层间（近西东）断裂的交会处是良好的储矿场所。区内岩浆活动频繁，从西向东有通城、幕阜山等中酸性岩体。区内以钨金矿（化）点为主，以 W、Au 为主的化探组合异常密布，异常强度高、规模大、分带明显。

南段湘东北隆断带包括岳阳穹褶、汨罗断凹、沩山—紫云山北西向穹窿带（主要由印支期花岗岩占据）等构造单元。出露地层有元古界冷家溪群、震旦系、古生界，在浏阳文家市一带的冷家溪群基性、超基性火山岩和深水硅质岩为主组成的蛇绿岩套组合，与铜成矿关系密切。区内构造可分为北东向和北西向两组，北东向构造对区内矿产起到主要控制作用。区内岩浆发育，以加里东晚期的花岗闪长岩体为主，有沩山、歇马、紫云山、望云山等大型复式岩体。

区内的矿产资源以金、铜、钒、铅锌、稀土、磷为主，代表性矿床有平江黄金洞、浏阳井冲、七宝山铜铅锌矿、永和磷矿和岳阳新开塘钒矿等。

钨矿可圈出3个Ⅴ级成矿区。

一是Ⅴ-7望湘钨矿成矿区。成矿区受望湘花岗岩体东南外接触带长城系—蓟县系紧密褶皱断裂构造控制，总体走向南北，面积1 934 km^2，区内仅发现3处钨矿点。钨矿产于岩体外接触带的断裂破碎带中，矿体呈脉状。区内预测钨矿资源潜力达0.5万t。

二是Ⅴ-8沩山钨矿成矿区。成矿区受沩山花岗岩体外接触带蓟县—青白口系紧密褶皱断裂构造控制，总体走向北西，面积2 511 km^2，区内发现中型钨矿床1处，探明金矿资源量2.3t。钨矿产于沩山花岗岩体内外接触带中，矿体呈脉状，代表性矿床有安化司徒铺矿区钨矿。区内预测钨矿资源潜力达15万t。

三是Ⅴ-9紫云山钨矿成矿区。成矿区受紫云山花岗岩体及接触带构造控制，总体走向近南北，面积1 125 km^2，区内仅发现1处钨矿点。钨矿产于岩体内接触带的断裂破碎带中，矿体呈脉状。区内预测钨矿资源潜力达1万t。

②Ⅳ-10七宝山—将军庙磷金铜铅锌多金属成矿带。位于长沙—平江断陷带东侧，浏阳—衡东穹断带北部。区内地层强烈缺失和超覆。在大片冷家溪群背景上，存在震旦系、泥盆系、侏罗系、白垩系四个大的不整合。冷家溪群以上的盖层残存于次级断陷或斜构造中。

区内有多期次的花岗岩浆侵入，包括武陵期、加里东期、燕山期三次主要岩浆活动，冷家溪群中含较多基性火山岩。主要岩体有加里江期、印支期、燕山期等花岗岩体及其晚期花岗斑岩、花岗闪长斑岩、伟晶岩脉等。其中与成矿关系密切的为燕山期花岗岩及晚期的花岗斑岩脉。

主要构造线方向有北东—北北东向、北西向、东西向三组。早期的东西向、北西向构造遭受了燕山期构造作用的强烈改造。早期强烈挤压，顺长平断裂形成片理化或糜棱岩带，晚期伸展形成白垩系红盆。在上述三组构造综合控制下，形成蕉溪岭—连云山、鳌鱼山—枨冲和七宝山—龙王排—纱帽山三个燕山期构造岩浆带和矿化集中区。

在上述地质背景下，形成4个主要矿化系列：①在连云山、蕉溪岭等燕山期壳源型花岗岩周围形成以钨、铍、铅、锌、砷（毒砂）为主的矿化，形成中小型矿床；②在七宝山、料源等壳幔型岩体边缘形成以铜、铅、锌、金、银为主的矿化，有些研究者称之为斑岩型；③在离岩体稍远的断裂带、剪切带中形成以金为主的矿化或金、锑矿化；④顺长平断裂带，形成与剥离断层有关的铜、铅、锌矿化。

钨矿可圈出2个Ⅴ级成矿区。

一是Ⅴ–10连云山钨矿成矿区。成矿区受连云山、七宝山等花岗岩体及接触带构造控制，总体走向北东，面积3 198 km^2，区内仅发现小型钨矿床2处，探明钨矿资源量0.6万t。钨矿产于岩体内外接触带断裂破碎带中，矿体呈脉状，代表性矿床有浏阳市蕉溪岭钨矿。区内预测钨矿资源潜力达4万t。

二是Ⅴ–11将军庙钨矿成矿区。成矿区受丫江桥和将军庙花岗岩体及接触带构造控制，总体走向近南北，面积2 809 km^2，区内发现小型以上钨矿床9处，其中特大型1处、中型2处、小型6处，探明钨矿资源量36.2万t。钨矿产于岩体内外接触带断裂破碎带中，矿体呈脉状，代表性矿床有衡南县花桥乡豹泉村杨林坳钨矿。区内预测钨矿资源潜力达116万t。

（4）萍乡—德兴Cu—Pb—Zn—Ag—Au—W—Mn—海泡石—硅灰石成矿亚带。

Ⅳ–11泗汾—萍乡金成矿区位于文家市杂岩带，出露地层有湖南最老的新太古界涧溪冲岩群、仓溪岩群、和蓟县系，二叠系—三叠系、侏罗系地层不整合于老地层之上，岩浆岩主要有辉绿岩，断裂构造发育。

（5）武功山—北武夷山Fe—W—Sn—Cu—Pb—Zn—Ag—Au—Rm—叶蜡石—瓷石—石膏成矿亚带。

①Ⅳ–12衡阳盆地铜铅锌重晶石成矿区。该区位于衡阳盆地内。区内

除志留系外，从元古界冷家溪群、板溪群至新生界第三系均有出露。前寒武系主要分布于衡阳盆地边缘的北东部及北西部的隆起带，岩性为类复理石建造的海相浅变质碎屑岩；古生界分布于衡阳盆地北东广大地区，与其上下地层均呈角度不整合接触，岩性为浅海相碳酸盐岩夹滨海相碎屑岩；侏罗系地层零星分布于盆地边缘及隆起区，岩性为内陆沼泽相碎屑岩；白垩系及第三系分布于衡阳盆地中，岩性为内陆湖泊相含盐类碎屑岩。

区内主要构造线为北北东向，断裂发育，伴有北西西—东西向断裂和韧性剪切带。岩浆活动频繁，自加里东期—燕山晚期均有侵入，各类岩体成群成带多期次侵入形成复式岩体，主要有加里江期、印支期、燕山期等花岗岩体及其晚期花岗斑岩、花岗闪长斑岩、伟晶岩脉等。其中与成矿关系密切的为燕山期花岗岩及晚期的花岗斑岩脉，尤其以小岩体与成矿关系最为密切。

区内金属矿产主要有钨、锡、铅、锌、铜、金、银等，主要分布于衡阳盆地边缘基底断裂带及其交会部位，矿床类型齐全。各矿床受断裂构造及岩体接触带等控制，具有品位高、规模大、伴生有益组分多等特点，常能构成大型综合矿床。主要矿床衡南川钨矿、留书塘铅锌矿等。

②Ⅳ -13 邓阜仙—五峰仙铁钨锡铅锌多金属成矿区。该区位于醴陵—攸县白垩系红盆两侧，夹持于醴陵—宁远深大断裂和茶陵—临武深大断裂之间。

北东段邓阜仙地区基底为寒武系、奥陶系浅变质碎屑岩，岩层走向为北东向、北西向；盖层包括泥盆系、石炭系、二叠系、下三叠统海相碳酸盐岩、碎屑岩，侏罗系、白垩系陆相碎屑岩，形成多次不整合。花岗岩发育，包括印支期汉背岩体、八团岩体、五峰仙岩体等，八团岩体侵入汉背岩体。区内断裂发育，主要有北东向的茶陵—临武深大断裂和北西向断裂构造。区内矿产主要为钨锡矿床，如湘东钨矿、邓阜仙钨矿、道子州钨矿，其次有小型铅锌矿（大垄），且矿点较多，均与花岗岩密切相关。

南西段五峰仙地区地层出露较齐全，有基底老地层寒武系、奥陶系出露，以上古生界及新生界地层分布最广。上古生界与其上下地层均呈角度不整合接触，侏罗系零星分布，白垩系及第三系分布于盆地中。区内盖层构造是本区的主要容矿构造。区内岩浆岩基性、中酸性、酸性均有，因多期次岩浆活动而形成复式岩体，受基底构造控制，汉背岩体、五峰仙岩体为偏酸性花岗岩，与钨锡铅锌等多金属矿产关系密切。

钨矿可圈出 1 个Ⅴ级成矿区，即Ⅴ-12 邓阜仙钨矿成矿区。成矿区受邓阜仙花岗岩体及接触带构造控制，总体走向近南北，面积 348 km^2，区内发现中、小型钨矿床各 1 处，探明铅锌矿资源量 3.8 万 t。钨矿产于岩体内外接触带断裂破碎带中，矿体呈脉状，代表性矿床有茶陵邓阜仙钨矿。区内预测钨矿资源潜力达 13 万 t。

3. 华南成矿省

（1）湘中 Pb—Zn—Sb—Au—Fe—W—Mn 成矿亚带。Ⅳ-14 湘中铁锰钨锑金铅锌多金属成矿区。该成矿区包括涟源凹陷和邵阳凹陷及其周围地区。本区总体为一被穹窿构造分隔的大型复式向斜，由一系列串珠状穹褶组成。穹窿构造主要有 3 组：白马山东侧东西向串珠状穹窿带、牛头寨—四明山—关帝庙北东向串珠状穹窿带、海洋山—越城岭穹窿带。穹窿构造与区内内生金属矿床有十分密切的关系，大多数金、锑矿床分布其中，铅锌矿床则产于穹隆周边。

地层发育齐全，自冷家溪群至中新生界各时代地层均有出露，沉积层岩厚度巨大。中晚元古界地层组成穹窿核部，早古生界地层位于穹窿两翼及盆地周边，以上地层组成本区褶皱基底。属地台型沉积，富含煤、铁及盐类矿产，印支运动使之形成大面积的盖层褶皱，侏罗、白垩系沉积顺断裂带零散分布。

由于穹窿的分隔，整个湘中巨型复向斜可进一步分为涟源、邵阳、零陵 3 个次级复向斜。深大断裂可分为北东、北西向两组，分别以城步—桃江断裂和郴州—邵阳为代表。沿城步—桃江断裂带有高家坳、白云铺、板溪、青山冲、铺头等金、铅锌、锑、硫铁矿等 10 余个大中型矿床分布；

北西向断裂较隐蔽，盖层中表现不及北东向组明显。锡矿山巨型锑矿位于北东与北西 2 组断裂的交会部位。

本区花岗岩主要出露于穹窿构造中。出露的主要有加里东期关帝庙，中酸性岩脉及煌斑岩脉分布较广，多见于穹窿及边部。

湘中地区沉积矿产丰富，内生金属矿产以锑、金为特色，尤其是锑，其储量和产量丰富，其次为铅锌、硫铁矿、钨、锡等。从中高温至中低温均有产出，总的以中低温矿床为主，局部有矽卡岩型矿床。著名矿床有锡矿山锑矿、东安锑矿、曹家坝钨矿等。矿床主要产于浅变质岩穹窿构造中，盖层中次之。含矿层位以震旦—寒武系为主。

化探异常以 Sb、Au 异常为主，Pb、Zn、Cu、W、Sn 异常次之。Sb、Au 异常常伴有 Hg、As、Ba 等异常，形成组合异常。Au 异常主要分布于穹隆带及其周边地区，Sb 异常在穹隆带及拗陷区均有分布，且以涟源拗陷异常数量较多，以锡矿山为浓集中心有一规模很大的异常。异常大多与已知矿床吻合，具重要找矿意义。

钨矿可圈出 2 个Ⅴ级成矿区。

一是Ⅴ -13 天龙山钨矿成矿区。成矿区受天龙山穹窿构造控制，总体走向近东西，面积 1 008 km²，区内发现中型钨矿床 1 处，探明钨矿资源量 3.28 万 t。钨矿产于岩体外接触带中泥盆统碳酸盐岩中，矿体呈脉状，代表性矿床有新邵县分水坳铁矿。区内预测钨矿资源潜力达 9 万 t。

二是Ⅴ -14 舜皇山钨矿成矿区。成矿区受舜皇山花岗岩及接触带构造控制，总体走向北东，面积 889 km²，区内发现小型钨矿床 4 处，探明钨矿资源量 1.4 万 t。钨矿产于岩体外接触带变质碎屑岩断裂破碎带中，矿体呈脉状，代表性矿床有东安县椅山界—大松岭钨矿。区内预测钨矿资源潜力达 3 万 t。

（2）南岭西段（湘西南—桂东北隆起）W—Sn—Au—Ag—Pb—Zn—Mn—Cu—Rm—REE 成矿亚带。

①Ⅳ -15 阳明山—塔山锡多金属成矿区，发育一组近东西向（阳明

山—塔山）基底构造岩浆岩带，其交会部位控制了复式花岗岩基及斑岩脉群的产出。代表性岩体有阳明山、塔山。

阳明山—塔山穹隆组成的东西基底断隆带，该穹窿对岩浆岩及矿产有重要控制作用，主要矿产为锡、铅、锌矿等，典型矿床有阳明山锡矿等。区内东西向重力低异常总体与阳明山岩体、塔山岩体吻合，于阳明山西段出现北西向分支，表现为北西向局部负异常。1 ∶ 20 万区域化探综合异常成矿元素组合为 W、Sn、Mo、B、F、Be、Pb、Zn、Cu、As、Hg、Sb、Ag、Au 等，以 W、Sn 异常面积大、强度高、浓集中心明显为特点。各综合异常围绕岩体组成总体为东西向的异常带。

区内矿化以钨锡为主，钨锡矿化类型主要有岩体型、云英岩—石英脉型、矽卡岩型、石英细脉带型等；主要分布于岩体内及其接触带中。

钨矿可圈出 1 个Ⅴ级成矿区，即Ⅴ –15 阳明山—塔山钨矿成矿区。成矿区受阳明山—塔山花岗岩体及接触带构造控制，总体走向近东西，面积 1 207 km^2，区内仅发现多处钨矿点。钨矿产于岩体外接触带变质碎屑岩中，矿体呈脉状。区内预测钨矿资源潜力达 0.5 万 t。

②Ⅳ –16 都庞岭—九嶷山铁锰钨锡铅锌多金属稀土成矿带。

出露地层主要有寒武—奥陶纪浅变质碎屑岩夹硅质岩及少量碳酸盐岩、泥盆纪浅海相碳酸盐岩及滨海相碎屑岩、白垩纪陆相—滨湖相碎屑岩。其中奥陶纪浅变质碎屑岩和泥盆纪石炭纪碳酸盐岩为区内主要赋矿层位。

基底构造总体以轴向北东的复式褶皱及与之平行的走向断层为主，伴随有北西向断层；其次发育两组近东西向（如都庞岭—九嶷山、花山—姑婆山）基底构造岩浆岩带，其交会部位控制了复式花岗岩基及斑岩脉群的产出。盖层构造为由近南北向及北东向侏罗山式褶皱和断裂相间组成的褶断带。株洲—双牌壳断裂自都庞岭东侧经过，表现为重力异常梯级带，沿断裂发育酸、基性岩体（脉），具控岩、控矿作用。深大断裂主要还有北西向贺州—桂林断裂、北东向祁东—荔浦断裂；东西向钟山南—贺州断裂等；区域性断裂有南北向栗木—马江断裂、南北向富川断裂、近南北向七星界—都庞岭断裂等。

区内岩浆岩十分发育，时代以燕山期为主，其次为印支期；岩性以酸—中酸性为主，其次发育中、基性岩脉（祥霖铺斑岩脉群）。代表性岩体有都庞岭、铜山岭、九嶷山、花山、姑婆山、禾洞等（复式）花岗岩体等。

区内矿化以钨锡矿化为主，其次为铅锌铜。钨锡矿化类型主要有岩体型、云英岩—石英脉型、矽卡岩型、石英细脉带型等；铅锌铜矿化类型主要有矽卡岩型、沉积改造型等，主要分布于岩体内及其接触带中。

钨矿可圈出 3 个Ⅴ级成矿区。

一是Ⅴ-16 都庞岭—铜山岭钨矿成矿区。成矿区受都庞岭和铜山岭花岗岩体及接触带构造控制，总体走向近东西，面积 1 034 km^2，区内发现大型钨矿床 1 处，探明钨矿资源量 5 万 t。钨矿产于岩体接触带矽卡岩中，矿体呈似层状，代表性矿床有道县祥林铺钨矿。区内预测钨矿资源潜力达 79 万 t。

二是Ⅴ-17 九嶷山钨矿成矿区。成矿区受九嶷山花岗岩体及接触带构造控制，总体走向近东西，面积 1 414 km^2，区内发现小型钨矿床 2 处，探明钨矿资源量 0.4 万 t。钨矿产于岩体内外接触带断裂破碎带中，矿体呈脉状，代表性矿床湘源锡矿区尚家坪矿段钨锡矿。区内预测钨矿资源潜力达 0.5 万 t。

三是Ⅴ-18 姑婆山钨矿成矿区。成矿区受姑婆山花岗岩体及接触带构造控制，总体走向近东西，面积 202 km^2，区内发现中型钨矿床 1 处，探明钨矿资源量 1.1 万 t。钨矿产于岩体内外接触带断裂破碎带中，矿体呈脉状，代表性矿床江华县河路口钨锡矿。区内预测钨矿资源潜力达 2 万 t。

（3）南岭中段（湘南—粤北坳陷）Pb—Zn—Ag—Sn—W—Mo—Bi—Mn—Cu—Rm—REE 成矿亚带。

①Ⅳ-17 锡田钨锡多金属铌钽成矿区。燕山期锡田岩体被白垩系红盆

分割（茶永盆地），物探重磁研究认为其与骑田岭岩体处于同一构造带上。矿产以锡为主，其次有铌钽矿和很多铅锌多金属矿点。

钨矿可圈出 1 个Ⅴ级成矿区，即Ⅴ -19 锡田钨矿成矿区。成矿区受锡田花岗岩体及接触带构造控制，总体走向近南北，面积 651 km²，区内仅发现多处钨矿点。钨矿产于岩体外接触带断裂破碎带中，矿体呈脉状。区内预测钨矿资源潜力达 21 万 t。

②Ⅳ -18 水口山—香花岭钨锡铅锌金银多金属成矿带。为一古坳陷带，处于郴州—炎陵北东向构造岩浆岩带、耒阳—临武近南北向构造岩浆岩带、郴州—邵阳北西向构造岩浆岩带的交汇区，成矿条件非常有利。本区地层出露齐全，从震旦系至第四系均有出露，震旦系—奥陶系零星出露，为一套浅变质海相粉砂质、泥质板岩、硅质岩沉积；上古生界泥盆系—二叠系广泛分布，主要为一套标准地台型碳酸盐建造，并含海陆交互相和海相含煤建造；中生界三叠系—白垩系为一套浅海相碳酸盐沉积，海陆交互相碎屑岩含煤建造和紫红色内陆盆地碎屑建造。构造主要有早期北西向（基底）、南北向构造与晚期北东向（盖层）三组，不同构造层上下炎陵县组成的“立交桥式”。其交汇处控制了区内主要岩浆岩和有色金属矿产分布。印支—燕山期褶皱以北北东向为主，并沿北东方向平行斜列组成褶断带。

构造主要表现为北西向与近东西向二组，出露岩体以燕山期为主，主要有大义山、上堡、水口山岩体等，其与成矿关系密切。区内矿产丰富。主要为锡铅锌银铜矿，其次为钨、钼、铁、金、砷矿等。已知的大中型矿床有水口山铅锌矿、大义山锡矿、上堡铌钽黄铁矿等。

钨矿可圈出 2 个Ⅴ级成矿区。

一是Ⅴ -20 大义山—上堡钨矿成矿区。成矿区受大义山和上堡花岗岩体接触带构造控制，总体走向近东西，面积 1 118 km²，区内发现小型钨矿床 2 处，探明铅锌矿资源量 0.49 万 t。钨矿赋存于岩体接触带，矿体呈脉状，代表性矿床有常宁县瓦文钨矿。区内预测钨矿资源潜力达 4 万 t。

二是Ⅴ -21 香花岭钨矿成矿区。成矿区受香花岭花岗岩体接触带及构造控制，总体走向近南北，面积 1 088 km²，区内发现小型以上钨矿床 2 处，其中中型 2 处、小型 2 处，探明钨矿资源量 4.47 万 t。钨矿产于岩体接触带矽卡岩和断裂破碎带中，矿体呈透镜状、脉状，代表性矿床临武县香花铺深坑里钨矿。区内预测钨矿资源潜力达 40 万 t。

③Ⅳ -19 千里山—骑田岭钨锡钼铋铅锌银多金属稀土成矿区。该成矿区南岭成矿带中段，郴州—炎陵北东向构造岩浆岩带东侧，本区地层出露齐全，从震旦系至第四系均有出露，构造主要有早期北西向（基底）、南北向构造与晚期北东向（盖层）3 组。其交汇处控制了区内主要岩浆岩和有色金属矿产分布。印支—燕山期褶皱以北北东向为主，并沿北东方向平行斜列组成褶断带。

出露岩体以燕山期为主，主要有骑田岭、千里山、瑶岗仙、高垅山岩体等，多期次岩浆活动形成的以上复式岩体主要侵入印支盖层的碳酸盐岩，成矿作用与燕山早期花岗岩相关，具有锡钨铋钼（高温）—铅锌银铜砷（中温）—锑（低温）特征元素组合及围绕岩体正向分带的特点。成矿区 W、Sn、Bi 地球化学高背景区。区内矿产丰富，主要为钨锡钼铋铜铅锌萤石等。已知矿产地数量多、规模大，代表性矿床有特大型的郴县柿竹园钨锡钼铋矿、郴县新田岭钨矿、瑶岗仙钨矿、郴州市白蜡水锡矿、郴州市金船塘锡铋矿、郴州市枞树板铅锌银矿等。

钨矿可圈出 3 个Ⅴ级成矿区。

一是Ⅴ -22 千里山—瑶岗仙钨矿成矿区。成矿区受千里山—瑶岗仙花岗岩体及接触带构造控制，总体走向北东，面积 1 285 km²，区内发现小型以上钨矿床 5 处，其中特大型 1 处、大型 2 处、中型 1 处、小型 1 处，探明钨矿资源量 100 万 t。钨矿产于岩体正接触带矽卡岩中和内外接触带断裂破碎带中，矿体呈似层、脉状，矿体规模巨大，代表性矿床有郴县柿竹园钨锡钼铋多金属矿和宜章县瑶岗仙钨矿。区内预测钨矿资源潜力达 130 万 t。

二是Ⅴ -23 骑田岭钨矿成矿区。成矿区受骑田岭花岗岩体及接触带构造控制，总体走向北东，面积 1 187 km²，区内发现特大型钨矿床 1 处，探明钨矿资源量 35 万 t。钨矿产于岩体接触带矽卡岩中，矿体呈似层状、透镜状，矿体规模巨大，代表性矿床有郴县新田岭白钨矿。区内预测钨矿资源潜力达 92 万 t。

三是Ⅴ -24 大东山钨矿成矿区。成矿区受大东山花岗岩体及接触带构造控制，总体走向近东西，面积 462 km²，区内仅发现多处钨矿点。钨矿产于岩体外接触带断裂破碎带中，矿体呈脉状。区内预测钨矿资源潜力达 11 万 t。

（4）南岭东段（赣南隆起）W—Sn—Mo—Be—REE—Pb—Zn—Au 成矿亚带。

Ⅳ -20 万洋山—诸广山钨锡多金属稀土成矿区，本区地层出露齐全，从震旦系至第四系均有出露。震旦系—奥陶系金、银、铜元素水系沉积物及重砂异常分布点多，是本区寻找金、银、铜矿的重要层位；上古生界泥盆系—二叠系主要为一套标准地台型碳酸盐建造，并含海陆交互相和海相含煤建造，锡、钨、铅锌矿点多，是本区寻找内生有色金属矿产钨锡铅锌矿和外生矿产铁、煤的重要层位；中生界三叠系—白垩系为一套浅海相碳酸盐沉积，海陆交互相碎屑岩含煤建造和紫红色内陆盆地碎屑建造。

基底构造层由炎陵县—桂东南北向隆起带和炎陵县—汤市北西向褶断带组成，主要形成于加里东期，最后定型于印支期。盖层构造层由一系列北北东向—北东向复式背向斜和断裂组成，是本区重要的控岩控矿构造。

区内岩浆活动具多期性，从加里东期—燕山期均有，这些侵入体构成诸广隆起带的主体，侵位于震旦系、寒武系、奥陶系组成的复式背斜中，总体走向近南北向。万洋山岩体与金、银、铅锌矿成矿关系最为密切；诸广山岩体、白云仙岩体与钨、锡、钼、铋、铜等成矿关系密切；彭公庙岩体南部接触带已发现层控型、石英脉型两种类型的钨矿。

本区广泛发育有钨、锡、铜、铋、铅、锌等元素异常，它们沿花岗岩体内外接触带发育。已发现的大中型钨锡矿有砖头坳钨矿、大围山钨钼矿、圳口钨铋矿、杨梅坑白钨矿等。

钨矿可圈出 2 个Ⅴ级成矿区。

一是Ⅴ –25 彭公庙—桂东钨矿成矿区。成矿区受彭公庙—桂东花岗岩体及接触带构造控制，总体走向东西，面积 1 390 km^2，区内发现小型以上钨矿床 4 处，其中中型 1 处、小型 3 处，探明钨矿资源量 1.4 万 t。钨矿产于岩体内外接触带断裂破碎带中，矿体呈似层状、脉状，代表性矿床有资兴县杨梅坑白钨矿。区内预测钨矿资源潜力达 14 万 t。

二是Ⅴ –26 小垣—益将钨矿成矿区。成矿区受诸广山花岗岩体及接触带构造控制，总体走向东西，面积 1 302 km^2，区内发现小型以上钨矿床 8 处，其中大型 1 处、中型 4 处、小型 3 处，探明钨矿资源量 13.2 万 t。钨矿产于岩体内外接触带断裂破碎带和矽卡岩中，矿体呈似层状、脉状，代表性矿床有汝城县砖头坳矿区钨矿。区内预测钨矿资源潜力达 32 万 t。

9.2 矿床成矿系列和区域成矿谱系

矿床成矿系列和区域成矿谱系研究工作本阶段开展得不够深入，仅在陈毓川院士等著的《中国成矿体系与区域成矿评价》和徐惠长等著的《湖南省矿床成矿系列及其成矿预测》基础上，作了初步归纳，划分了 7 个成矿系列组，7 个成矿系列或亚系列，具体如表 9–2 所示。

表 9–2 湖南省矿床成矿系列一览表

代 号	系列（组）	系列或亚系列	矿床式	相关地质体
Pt_3–4S	扬子地台及周边地区新元古代与火山—热液—沉积作用有关的磷、Fe、Mn 矿床成矿系列	Pt_3–4^2 下（上）扬子与新元古代热水沉积—变质作用有关的磷、Fe、Mn、Ag、Pb、Zn、Cu、石墨、滑石矿床成矿亚系列	荆襄式磷矿	陡山沱组
			董家河式铅锌	陡山沱组
			李梅式铅锌	清虚洞组
			江家垭式铅锌	桐梓组
			寺田坪式铜矿	板溪群马底驿组

续 表

代　号	系列（组）	系列或亚系列	矿床式	相关地质体
Pz_1-13	武夷—云开及周边地区与加里东运动有关的 W、Sn、Nb、Ta、Cu、Au、Be、白云母矿床成矿系列	Pz_1-13^3 江南地块碰撞造山活化区产于浅变质细碎屑岩中 Au、Sb、W 矿床成矿亚系列	沃溪式 AuSbW	
Pz_2-16	下扬子及华南与晚古生代沉积作用有关的 Fe、Mn、Cu、Pb、Zn、V、硫铁矿、石膏、煤、黏土、碳酸盐盐岩矿床成矿系列	Pz_2-16^2 华南西部晚泥盆至早石炭世产于碳硅泥岩（黑色岩系）中的 Mn、V、U、重晶石矿床成矿亚系列	玛瑙山式	
Me_2-38	江南地轴与燕山期壳源花岗岩有关的 W、Sn、Mo、Au、Sb、Be、Nb、Ta、Pb、Zn、萤石矿床成矿系列	Me2-38^1 九岭—幕阜山隆起与燕山期花岗岩有关的 W、Sn、Mo、Au、Sb、Be、Nb、Ta、Pb、Zn、萤石矿床成矿亚系列	桃林式 PbZn	
			黄金洞式 Au	
Me2-40	上扬子地台褶带沉积岩容矿的 Pb、Zn、Hg、Au、Ag、Sb、As 萤石、重晶石矿床成矿系列	Me_2-40^6 湘中南海西—印支坳陷带古生界碳酸盐岩、泥质岩及前寒武系浅变质岩容矿的 Sb、Pb、Zn、Au 矿床成矿亚系列	铲子坪式金	
			板溪式锑	
			龙山式金锑	
			锡矿山式锑	
			高家坳式金	
Me_2-41	南岭与燕山期中浅成花岗岩类有关的 REE、稀有、有色金属及 U 矿床成矿系列	湘粤桂西拗陷区与燕山期花岗岩有关的 W、Sn、Nb、Ta、Be、Mo、Pb、Zn 萤石矿床成矿亚系列	柿竹园式	
			黄沙坪式	
			枞树板式	
			姑婆山式	
			水口山式	
q-22	Sp1 长江流域砂金成矿系列	Sp1-7 沅江—洞庭湖流域砂金、金刚石、独居石成矿亚系列	新墙河式	

参考文献

[1] 童潜明 . 有色金属之乡的复兴之路 [J]. 国土资源导刊，2011（3）：14.
[2] 童潜明 . “非金属之乡”出路何在？ [J]. 国土资源导刊，2011（4）：15.
[3] 王中和 . 建设“中国有色金属之乡”[J]. 中国有色金属，2010（6）：30–31.
[4] 刘德镒 . 湖南——世界有色金属之乡 [J]. 国土资源导刊，2007（4）：73–75.
[5] 傅世业 . 湖南——有色金属之乡 [J]. 湖南有色金属，1985（5）：57–60.
[6] 李丽丽，梁云龙，刘远亮，等 . 大庆油田南一区葡 I 组油层三元复合驱前置段塞注入参数优选 [J]. 特种油气藏，2011（1）：70–72.
[7] 刘任远 . 俄罗斯萨哈林 E 号区块优快钻井技术 [J]. 石油钻采工艺，2010（2）：97–102.
[8] 陈凤喜，王勇，张吉，等 . 鄂尔多斯盆地苏里格气田盒 8 气藏开发有利区块优选研究 [J]. 天然气地球科学，2009，20（1）：94–99.
[9] 李梅，金爱民，楼章华，等 . 南盘江坳陷海相油气保存条件与目标勘探区块优选 [J]. 中国矿业大学学报，2011（4）：566–575.
[10] 石石，初广震，万玉金，等 . 油气藏开发阶段储层地质模型的建立及优选方法 [J]. 辽宁工程技术大学学报（自然科学版），2011（4）：493–496.
[11] 李士斌，张立刚，荆玲，等 . 钻井参数优选新方法 [J]. 石油钻探技术，2007（4）：7–11.
[12] 鞠毓绂 . 金矿块段最低工业品位的选优 [J]. 黄金，1983（1）：23–28.
[13] DOE B R. Source rocks and the genesis of metallic mineral deposits [J]. Global tectonics and metallogeny， 1991， 4（1/2）：13–20.
[14] 邓小万，何邵麟，陈智，等 . 贵州东部地球化学块体特征及找矿潜力分析 [J]. 矿产与地质，2004（4）：318–322.

[15] 童潜明．湘南黄沙坪铅－锌矿床的成矿作用特征 [J]. 地质论评，1986（6）：565–577.

[16] 罗卫，李文光，周涛，等．湘南香花岭锡多金属矿田地质地球化学特征及成因探讨 [J]. 地质调查与研究，2010（1）：1–11.

[17] 王世明，匡耀求．宝山—香花岭一带岩浆岩的稀土元素特征 [J]. 湖南地质，1992（2）：97–102.

[18] 乌家达，周代海．香花岭多金属矿田锡矿源层及成矿作用 [J]. 矿产与地质，1988（1）：58–61.

[19] 徐克勤，胡受奚，孙明志，等．华南两个成因系列花岗岩及其成矿特征 [J]. 矿床地质，1982（2）：1–14.

[20] HU R Z，ZHOU M F. Multiple mesozoic mineralization events in South China–an introduction to the thematic issue[J]. Mineralium deposita，2012，47（6）：579–588.

[21] MAO J W，CHENG Y B，CHEN M H，et al. Major types and time–space distribution of mesozoic ore deposits in South China and their geodynamic settings[J]. Mineralium deposita，2013，48（3）：267–294.

[22] YUAN S D，PENG J T，HU R Z，et al. A precise U–Pb age on cassiterite from the Xianghualing tin–polymetallic deposit（Hunan，South China）[J]. Mineralium deposita，2008，43（4）：375–382.

[23] MAO J W，XIE G Q，LI X F，et al. Mesozoic large–scale mineralization and multiple lithospheric extensions in South China[J]. Acta geologica sinica–English edition，2010，80（3）：420–431.

[24] YANG L Q，DENG J，WANG J G，et al. Control of deep tectonics on the superlarge deposits in China[J]. Acta geologica sinica–English edition，2010，78（2）：358–367.

[25] YAO J M, HUA R M, QU W J, et al. Re–Os isotope dating of molybdenites in the Huangshaping Pb–Zn–W–Mo polymetallic deposit, Hunan province, South China and its geological significance[J]. Science in China series D: earth sciences, 2007, 50 (4): 519–526.

[26] ZHAO Z H, BAO Z W, ZHANG B Y, et al. Crust–mantle interaction and its contribution to the Shizhuyuan superlarge tungsten polymetallic mineralization[J]. Science in China series D: earth sciences, 2001, 44 (3): 266–276.

[27] LIU Y M, LU H Z, WANG C L, et al. On the ore–forming conditions and ore–forming model of the super large multimetal deposit in Shizhuyuan[J]. Science in China series D: earth sciences, 1998, 41 (5): 502–512.

[28] GUO X S. Oxygen isotope variation of granites and marbles in the vicinity of the shizhuyuan super giant W–Sn–Mo–Bi ore deposit, Hunan, P.R.China[J]. Chinese science bulletin, 1998, 43 (1): 50.

[29] YUAN S D, PENG J T, HU R Z, et al. Characteristics of rare–earth elements (REE), strontium and neodymium isotopes in hydrothermal fluorites from the Bailashui tin deposit in the Furong ore field, southern Hunan province, China[J]. Chinese journal of geochemistry, 2008, 27 (4): 342–350.

[30] ZHAO L L, HU R Z, PENG J T, et al. Helium isotope geochemistry of ore–forming fluids from Furong tin orefield in Hunan province, China[J]. Resource geology, 2006, 56 (1): 9–15.

[31] MAO J W, LI X F, CHEN W, et al. Geological characteristics of the Furong tin orefield, Hunan, ^{40}Ar - ^{39}Ar dating of tin ores and related granite and its geodynamic significance for rock and ore

formation[J]. Acta geologica sinica–English edition， 2010， 78（2）： 481–491.

[32] XIE X， XU X S， ZOU H B， et al. Early J2 basalts in SE China：Incipience of large–scale late mesozoic magmatism[J]. Science in China series D： earth sciences， 2006， 49（8）： 796–815.

[33] LI P， LI Y J. A study of the crustal stability in the Yangtze Three Gorges area[J]. Engineering sciences， 2003（1）：23–31.

[34] 童迎世，童琼 . 湖南深部地球物理场特征与地震的关系 [J]. 高原地震，2012（1）：1–10.

[35] 姚军明，华仁民，屈文俊，等 . 湘南黄沙坪铅锌钨钼多金属矿床辉钼矿的 Re–Os 同位素定年及其意义 [J]. 中国科学 D 辑，2007，37（4）：471–477.

[36] 郭友钊 . 湘南骑田岭地区锡矿富集的磁梯度矢量结构研究 [J]. 地质学报，2006（10）：1553–1557.

[37] 伍光英，彭和求，贾宝华 . 湘南大义山岩体地质特征及其侵位机制分析 [J]. 华南地质与矿产，2000（3）：1–7.

[38] 袁顺达，张东亮，双燕，等 . 湘南新田岭大型钨钼矿床辉钼矿 Re–Os 同位素测年及其地质意义 [J]. 岩石学报，2012（1）：27–38.

[39] 唐朝永，柳凤娟 . 湘南炎陵—蓝山断裂带地质特征及其构造成矿作用分析 [J]. 矿产与地质，2010（1）：1–8.

[40] 唐朝永，张南锋，周兴良，等 . 湘南多金属矿集区的圈定及深大断裂构造在成矿中的控制作用 [J]. 矿产与地质，2007（5）：538–541.

[41] 毛景文，谢桂青，郭春丽，等 . 南岭地区大规模钨锡多金属成矿作用：成矿时限及地球动力学背景 [J]. 岩石学报，2007（10）：2329–2338.

[42] 何建泽 . 湖南省金和有色金属矿床成矿系列初论 [J]. 矿床地质，

1995（4）：329–334.

[43] 饶家荣，王纪恒，曹一中 . 湖南深部构造 [J]. 湖南地质，1993（A08）：1–101.

[44] 舒孝敬 . 湘南 – 桂北及邻区的地球物理场特征、深部构造和铀矿床 [J]. 铀矿地质，1989（4）：231–238.

[45] 庄锦良，刘钟伟，谭必祥，等 . 湘南地区小岩体与成矿关系及隐伏矿床预测 [J]. 湖南地质，1988（增刊 1）：2，4–5，9–13，207.

[46] 秦葆瑚 . 南岭区域重磁异常的地质解释 [J]. 湖南地质，1987（1）：1–15.

[47] 丁俊，张术根 . 黄沙坪夕卡岩型多金属矿石中锡的工艺矿物学研究 [J]. 矿物学报，2011（1）：80–87.

[48] 雷泽恒，陈富文，陈郑辉，等 . 黄沙坪铅锌多金属矿成岩成矿年龄测定及地质意义 [J]. 地球学报，2010（4）：532–540.

[49] 钟正春 . 黄沙坪多金属矿床成矿特征初探 [J]. 矿床地质，2010：355–356.

[50] 姚军明，华仁民，林锦富 . 湘东南黄沙坪花岗岩 LA–ICPMS 锆石 U–Pb 定年及岩石地球化学特征 [J]. 岩石学报，2005（3）：688–696.

[51] 谷俐 . 黄沙坪铅锌多金属矿床的成因分析 [J]. 湖南地质，1997（4）：232–238.

[52] 钟正春，邓圣富，王立华，等 . 黄沙坪铅锌矿床中银矿化组合特征 [J]. 矿产与地质，1997（1）：47–53.

[53] 王恢绪 . 黄沙坪矿田的综合找矿模式及其在隐伏矿床预测中的应用 [J]. 湖南地质，1992（1）：21–26.

[54] 贺文华 . 湖南大义山地区锡多金属矿成矿模式初探 [J]. 华南地质与矿产，2011（1）：14–21.

[55] 成喜 . 大义山地区矿产特征及其控矿因素分析 [J]. 中国矿业，2011

（11）：57–60.

[56] 伍光英，潘仲芳，李金冬，等 . 湘南大义山花岗岩地质地球化学特征及其与成矿的关系 [J]. 中国地质，2005（3）：434–442.

[57] 刘耀荣，邝军，马铁球，等 . 湖南大义山花岗岩南体黑云母 ^{40}Ar–^{39}Ar 定年及地质意义 [J]. 资源调查与环境，2005（4）：244–249.

[58] 周厚祥，杨贵花，蒋中和，等 . 大义山锡矿田矿床地质特征及矿床成因 [J]. 华南地质与矿产，2005（2）：87–94.

[59] 陈庆，徐惠长，何周虎，等 . 湖南千里山—大义山—九嶷山成矿金三角的控矿意义 [J]. 华南地质与矿产，2005（1）：31–36.

[60] 伍光英，潘仲芳，侯增谦，等 . 湖南大义山锡多金属矿田矿体分布规律、控矿因素及找矿方向 [J]. 地质与勘探，2005（2）：6–11.

[61] 李福顺，符海华 . 大义山云英岩脉型锡矿容矿构造特征 [J]. 华南地质与矿产，2002（1）：29–33.

[62] 刘铁生 . 大义山矿田岩体型锡矿地质特征及矿床成因 [J]. 中国地质，2002（4）：411–415.

[63] 龚述清，黄革非，胡志科，等 . 大义山岩体东南部锡矿类型及找矿远景浅析 [J]. 华南地质与矿产，2002（1）：67–72.

[64] 彭和求，伍光英 . 湘南“大义山式构造”的厘定及地质意义 [J]. 湖南地质，2000（2）：87–89.

[65] 黄富荣 . 湖南大义山矽卡岩硼矿床的成矿条件、成矿阶段及硼的地球化学演化 [J]. 化工地质，1993（3）：141–149.

[66] 金维群，刘姤群，张录秀，等 . 湘东北铜多金属矿床控岩控矿构造研究 [J]. 华南地质与矿产，2000（2）：51–57.

[67] 林成辉 . 湘东地区宁乡式铁矿地质矿床特征及开发利用的意见 [J]. 湖南冶金，1989（5）：42–45.

[68] 林成辉 . 关于湘东铁矿现存的问题和建议：兼议涉及中小型矿山的

有关政策 [J]. 湖南冶金，1985（1）：45–47，50.

[69] 湖南冶金地质研究所矿床室岩矿组 . 湘东某些矿区上泥盆统锡矿山组：含铁岩系中绿泥石的初步研究 [J]. 地质与勘探，1974（5）：40–45.

[70] 龚银杰，秦元奎，张鲲，等 . 湘西北宁乡式铁矿的成因与质量 [J]. 化工矿产地质，2010，32（3）：143–148.

[71] 汪永清 . 湘西北地区下寒武统钼镍矿地质特征及找矿远景 [J]. 西部探矿工程，2007，19（9）：136–137.

[72] 杨绍祥，劳可通 . 湘西北锰矿床成矿模式研究：以湖南花垣民乐锰矿床为例 [J]. 沉积与特提斯地质，2006，26（2）：72–80.

[73] 谢家荣,张宏远,邵龙义 . 古地理为探矿工作之指南 [J]. 古地理学报，2001，3（4）：1–9.

[74] 吴朝东 . 湘西震旦—寒武纪交替时期古海洋环境的恢复 [J]. 地学前缘，2000，7（8）：45–57.

[75] 吴朝东，陈其英，杨承运 . 湘西黑色岩系沉积演化与含矿序列 [J]. 沉积学报，1999，17（2）：167–175.

[76] 鲍正襄，万溶江，鲍珏敏 . 湘西北钒矿床地质特征及其成因 [J]. 湖北地矿，1998（2）：10–15.

[77] 吴朝东，储著银 . 黑色页岩微量元素形态分析及地质意义 [J]. 矿物岩石地球化学通报，2001，20（1）：14–20.

[78] 吴朝东，陈其英 . 湘西磷块岩的岩石地球化学特征及成因 [J]. 地质科学，1999，34（2）：213–222.

[79] 朱继存 . 宁乡式铁矿床成因的新认识 [J]. 合肥工业大学学报：自然科学版，2001，24（1）：143–145.

[80] 赵一鸣，毕承思 . 宁乡式沉积铁矿床的时空分布和演化 [J]. 矿床地质，2000，19（4）：350–362.

[81] 张宗龄．积极开发综合利用我国南方宁乡式铁矿资源的探讨 [J]. 湖南冶金，1985（1）：46–48.

[82] 张大玉．四川江油泥盆纪宁乡式铁矿中的铁绿泥石 [J]. 矿物岩石，1981（5）：17–20.

[83] 廖士范．中国宁乡式铁矿的岩相古地理条件及其成矿规律的探讨 [J]. 地质学报，1964（1）：68–80.

[84] 李英堂．我国宁乡式鲕状赤铁矿矿石的工艺矿物学特征及其利用途径 [J]. 矿产综合利用，1981（增刊 1）：34–46.

[85] 李耀．湖南省铁、锰矿选矿技术现状及展望[J]. 湖南冶金，1986（2）：34–39，53.

[86] 湖南冶金研究所选矿室选矿组．关于湖南宁乡式和茶陵式铁矿选矿途径的探讨 [J]. 湖南冶金，1978（3）：36–50，84.

[87] 中国科学院湖南地质研究所及湖南省地质局．湖南上泥盆纪茶陵式及宁乡式铁矿成矿规律及预测略图简介 [J]. 地质论评，1959（7）：324–330.

[88] 佚名．湘赣边境宁乡式铁矿地质特征及勘探工作经验 [J]. 地质与勘探，1958（23）：2–7.

[89] 席振铢，朱伟国，张道军，等．采用音频大地电磁法间接探测深埋富集铁矿床 [J]. 中国有色金属学报，2012，22（3）：928–933.

[90] 秦元奎，姚敬劬．五峰县龙角坝铁矿区磁性铁矿层的发现及其地质意义 [J]. 资源环境与工程，2011，25（4）：299–303.

[91] 秦葆瑚．一个反磁化异常的电算处理与解释 [J]. 物探化探计算技术，1995（1）：1–5.

[92] 陈鸿达，黄良模．高精度磁测在湖南汤市硼矿上的应用效果 [J]. 物探与化探，1994（5）：397–400.

[93] 雷泽恒，许以明，王登红，等．湖南东坡铅锌矿危机矿山找矿新进

展及找矿方向 [J]. 华南地质与矿产，2010（2）：15–22.

[94] 章日成 . 湖南镇电站 100 MW 发电机组失磁保护动作分析及对策探讨 [J]. 水电厂自动化，2004（3）：94–96.

[95] 曾钦旺，饶家荣，骆检兰 . 综合方法在柳塘隐伏铅锌矿床的应用效果 [J]. 物探与化探，2002（3）：179–184.

[96] 姚敬劬，张华成 . 宁乡式铁矿工艺矿物学特征及选矿效果预期 [J]. 资源环境与工程，2008，22（5）：481–487.

[97] 毛丕建，秦元奎 . 湖北省建始县“宁乡式”铁矿基本特征及开发利用 [J]. 资源环境与工程，2007，21（5）：524–532.

[98] 廖士范 . 湘赣边境的宁乡式铁矿概述 [J]. 地质论评，1958（6）：424–427.

[99] 曹叔良 . 对湖南宁乡式铁矿勘探与评价的见解 [J]. 地质与勘探，1957（14）：1–5.

[100] QI H W， HU R Z， WANG X F， et al. Molybdenite Re–Os and muscovite $^{40}Ar/^{39}Ar$ dating of quartz vein–type W–Sn polymetallic deposits in Northern Guangdong， South China[J]. Mineralium deposita，2012，47（6）：607–622.

[101] 秦葆瑚 . 湘南区域重磁异常的地质解释及其在成矿预测中的应用 [J]. 湖南地质，1984（2）：1–14.

[102] 张岳桥，董树文，李建华，等 . 华南中生代大地构造研究新进展 [J]. 地球学报，2012（3）：257–279.

[103] 陈富文，戴平云，梅玉萍，等 . 湖南雪峰山地区沈家垭金矿成矿学及年代学研究 [J]. 地质学报，2008（7）：906–911.

[104] 熊绍柏，刘宏兵，王有学，等 . 华南上地壳速度分布与基底、盖层构造研究 [J]. 地球物理学报，2002（6）：784–791.

[105] HU R Z， I X W， JIANG G H， et al. Mantle–derived noble gases

in ore-forming fluids of the granite-related Yaogangxian tungsten deposit, Southeastern China[J]. Mineralium deposita, 2012, 47(6): 623-632.

[106] 肖军，刘严松，孙传敏，等 . 巫山县桃花赤铁矿地质特征及成因探讨 [J]. 矿物岩石，2009，29（3）：69-73.

[107] 曾勇，李成君 . 湘西董家河铅锌矿地质特征及成矿物质来源探讨 [J]. 华南地质与矿产，2007（3）：24-30.

[108] 骆学全 . 沅陵—溆浦上震旦统的火山碎屑岩 [J]. 湖南地质，1990（3）：63-68.

[109] 谢文安 . 湖南某些层控铅锌矿床的铅硫同位素成因地球化学 [J]. 地质与勘探，1983（10）：21-29.

[110] 刘友勋，刘亚新，李建中，等 . 湘南地区银矿类型划分及找矿方向浅析 [J]. 华南地质与矿产，2003（3）：43-48.

[111] 李祥能 . 湖南后江桥铅锌矿地质特征及矿床成因 [J]. 地质找矿论丛，2002（1）：41-46.

[112] 谢俊福 . 后江桥铅锌菱铁矿床的成因探讨 [J]. 地质论评，1984（2）：135-145.

[113] 刘家铎 . 湖南道县后江桥层控铅锌菱铁矿床成因的研究 [J]. 成都地质学院学报，1982（4）：33-44.

[114] 尹承忠 . 九曲湾砂岩铜矿床矿体的空间分布规律及找矿方向 [J]. 湖南冶金，2001（1）：21-23.

[115] 许首权 . 九曲湾砂岩铜矿床成因及富集规律研究 [J]. 矿产与地质，1988（4）：16-23.

[116] 岳东生，黄满湘，刘石年，等 . 一个富铜（银）矿床的成因及其形成机制的研究 [J]. 地质与勘探，1994（2）：15-24.

[117] 岳东生，刘石年，黄满湘，等 . 湖南铜鼓塘铜（银）矿床地质特征

及找矿预测模式 [J]. 有色金属矿产与勘查，1994（4）：199–205.
[118] 陈鸿达，谭海明 . 从铜的地球化学行为探讨常宁铜鼓塘富铜矿床的成因 [J]. 湖南地质，1991（4）：311–316.
[119] 梁有彬，朱文凤 . 湘西北天门山地区镍钼矿床铂族元素富集特征及成因探讨 [J]. 地质找矿论丛，1995（1）：55–65.
[120] ZHONG L F， LIU L W， XIA B， et al. Re–Os Geochronology of molybdenite from Yuanzhuding porphyry Cu–Mo deposit in South China[J]. Resource geology， 2010， 60（4）：389–396.
[121] WANG Y L， PEI R F， LI J W， et al. Re–Os dating of molybdenite from the Yaogangxian tungsten deposit， South China， and its geological significance[J]. Acta geologica sinica–English edition， 2008， 82（4）：820 – 825.
[122] WEI D F， BAO Z Y， FU J M， et al. Diagenetic and mineralization age of the Hehuaping tin–polymetallic orefield， Hunan province[J]. Acta geologica sinica–English edition， 2007， 81（2）：244–252.
[123] 蔡宏渊 . 香花岭锡多金属矿田成矿地质条件及矿床成因探讨 [J]. 矿产与地质，1991（4）：272–283.
[124] 蔡锦辉，韦昌山，毛晓冬，等 . 湘南芙蓉锡矿田成矿地质特征及成矿模式 [J]. 地质科技情报，2004（2）：69–76.
[125] 杜方权 . 香花岭锡多金属矿床的分带性及其找矿意义 [J]. 大地构造与成矿学，1983（3）：239–247.
[126] 杜绍华，黄蕴慧 . 香花岭岩的研究 [J]. 中国科学：B 辑 化学 生物学 农学 医学 地学，1984（11）：1039–1049.
[127] 杜绍华，邱瑞照 . 香花岭地区花岗岩类岩石稀土元素演化特点及其形成机理的探讨 [J]. 地球学报，1989（1）：131–142.
[128] 黄蕴慧，杜绍华 . 香花岭岩：一种新的岩浆岩 [J]. 中国地质，

1983（9）：31–33.

[129] 李和平，阎桂林．湖南香花岭矿田锡多金属矿床的综合模型及应用效果 [J]. 地质科技情报，1989（3）：79–85.

[130] 李荣清．湘南多金属成矿区方解石的稀土元素分布特征及其成因意义 [J]. 矿物岩石，1995（4）：72–77.

[131] 李荣清，刘德镒，申志军，等．湘南岩控矿床成矿系列找矿矿物学及成矿预测 [J]. 矿物岩石地球化学通讯，1992（4）：224–226.

[132] 刘生，袁奎荣．湖南香花岭隐伏花岗岩顶上带综合地质模式 [J]. 桂林冶金地质学院学报，1992（3）：309–317.

[133] 邱瑞照，邓晋福，蔡志勇，等．湖南香花岭矿田花岗岩成岩成矿物质来源 [J]. 矿床地质，2002（增刊 1）：1017–1020.

[134] 邱瑞照，邓晋福，蔡志勇，等．湖南香花岭 430 花岗岩体 Nd 同位素特征及岩石成因 [J]. 岩石矿物学杂志，2003（1）：41–46.

[135] 邱瑞照，杜绍华，彭松柏．超临界流体在花岗岩成岩成矿过程中的作用：以香花岭花岗岩型铌钽矿床为例 [J]. 矿物岩石地球化学通报，1997（4）：239–242.

[136] 邱瑞照，彭松柏，杜绍华．香花岭花岗岩型铌钽矿床的成因：兼论超临界流体在成岩成矿过程中的作用 [J]. 湖南地质，1997（2）：92–97.

[137] 佚名．黄沙坪铅锌矿“八五”成就辉煌 [J]. 湖南有色金属，1996（6）：62–63.

[138] 黄沙坪勘探队．黄沙坪队 3 号钻机使用钢粒与铁砂混合钻进提高效率的经验 [J]. 探矿工程，1958（2）：10.

[139] 黄沙坪地质队．黄沙坪队的升降钻具自动化电气化装置 [J]. 探矿工程，1959（5）：30–32.

[140] 佚名．黄沙坪镇 [J]. 新湘评论，2007（2）：2.

[141] 佚名 . 黄沙坪矿业分公司尾矿库隐患整改见成效 [J]. 湖南有色金属，2009（1）：67.

[142] 邓圣富 . 黄沙坪矿床矿物组合分带规律研究 [J]. 矿产与地质，1997（5）：27–31.

[143] 蒋仁松，龚述清，李宏伟，等 . 黄沙坪铅锌矿南部 54# 成矿预测区铅锌资源前景分析 [J]. 新疆地质，2007（2）：204–209.

[144] 李刚明 . 黄沙坪矿推广应用水喷射泵 [J]. 矿冶工程，1987（4）：67–68.

[145] 李谨 . 黄沙坪矿重视水土保持 [J]. 中国水土保持，1988（5）：23–24.

[146] 廖国礼 . 黄沙坪铅锌矿贫化品位管理 [J]. 金属矿山，2001（7）：48–49.

[147] 廖荣君，刘小胡，张术根 . 黄沙坪矽卡岩型多金属矿石锡矿物相及其赋存状态 [J]. 矿产保护与利用，2010（2）：36–40.

[148] 倪章元，杨敏 . 黄沙坪铅锌矿综合利用现状与改进方向 [J]. 矿产保护与利用，2005（1）：36–39.

[149] 秦葆瑚 . 湘南四个金属矿田的区域重磁异常特征 [J]. 物探与化探，1984（1）：34–40.

[150] 汪文杰 . 黄沙坪矿中深部矿体的合理开采顺序 [J]. 世界采矿快报，2000（6）：177–178，186.

[151] 王阳成，何任义 . 黄沙坪铅锌矿低品位难选铜综合回收的研究与应用 [J]. 有色金属（选矿部分），1999（4）：7–10.

[152] 杨道锌，王政 . 黄沙坪铅锌矿坚持走可持续发展道路 [J]. 世界有色金属，1999（7）：35–36.

[153] 曾志雄 . 黄沙坪铅锌矿开展成矿预测探盲又见成效 [J]. 湖南地质，1999（增刊 1）：27–28.

[154] 曾志雄 . 黄沙坪矿田铜矿地质特征及成因分析 [J]. 湖南有色金属，

2001（3）：8–9，43.

[155] 曾志雄 . 黄沙坪铅锌矿床银与多金属元素组合特征 [J]. 湖南地质，1998（4）：251–252，256.

[156] 朱恩静，邱玉民，王建国 . 方铅矿中类质同像银的研究及 EPR 分析 [J]. 沈阳黄金学院学报，1994（4）：317–322.

[157] 朱璐 . 黄沙坪低品位多金属矿浮选回收白钨的试验研究 [J]. 中国矿山工程，2011（4）：20–21，42.

[158] 朱一民 . 黄沙坪低品位多金属矿体的矿物性质及碎磨流程研究 [J]. 湖南有色金属，2010（1）：15–16，48.

[159] 蔡光顺，陈世益，彭恩生，等 . 桃林铅锌矿田遥感数字处理图像地质构造解译及找矿有利地段选择 [J]. 环境遥感，1988（1）：47–54.

[160] 李菊平，林久益 . 关于桃林铅锌矿阶段崩落法最优备用矿块数的探讨 [J]. 有色矿山，1988（11）：30–34.

[161] 童潜明，潘莉，张建平 . 湘东北有色、贵金属矿产成矿条件和成矿预测新思路 [J]. 国土资源导刊，2008（4）：23–26.

[162] 王本淳 . 桃林铅锌矿床勘探方法剖析 [J]. 湖南地质，1994（1）：49–51，40.

[163] 王卿铎，丁碧英，李石锦 . 湖南桃林铅锌矿成矿温度特征及成矿预测初步研究 [J]. 中南矿冶学院学报，1978（1）：72–83，143–144.

[164] 王少曦 . 桃林铅锌矿 [J]. 有色金属工业，1996（1）：33.

[165] 谢玉芳 . 湖南主要铅锌矿基地之一：桃林铅锌矿 [J]. 湖南冶金，1983（6）：54–56.

[166] 喻爱南 . 桃林铅锌矿拆离断层中动力变质岩研究 [J]. 湖南地质，1992（增刊 1）：51–52.

[167] 喻爱南，叶柏龙，彭恩生 . 湖南桃林大云山变质核杂岩构造与成矿的关系 [J]. 大地构造与成矿学，1998（1）：82–88.

[168] 张九龄 . 湖南桃林铅锌矿床控矿条件及成矿预测 [J]. 地质与勘探，1989（4）：1–7.

[169] 张九龄，符策美 . 临湘县桃林铅锌矿床成矿条件及成因的重新探讨 [J]. 湖南地质，1987（3）：14–22.

[170] 郭沅芬 . 东岗山银多金属矿床银的赋存状态的研究 [J]. 湖南地质，1994（1）：33–35.

[171] 王甫仁 . 论衡东县东岗山矿田对顶帚状构造及其控矿作用 [J]. 湖南地质，1989（1）：13–20.

[172] 路远发，马丽艳，屈文俊，等 . 湖南宝山铜 – 钼多金属矿床成岩成矿的 U–Pb 和 Re–Os 同位素定年研究 [J]. 岩石学报，2006（10）：2483–2492.

[173] 沈纪利 . 宝山岩体：一个壳型花岗岩类含钨岩体地质地球化学特征与成矿 [J]. 岩石学报，1988（2）：32–41.

[174] 伍光英，马铁球，柏道远，等 . 湖南宝山花岗闪长质隐爆角砾岩的岩石学、地球化学特征及锆石 SHRIMP 定年 [J]. 现代地质，2005（2）：198–204.

[175] 印建平 . 湖南宝山铅锌银多金属矿成矿构造机制分析 [J]. 大地构造与成矿学，1998（增刊 1）：57–61.

[176] 陈臻 . 铜山岭“层间矽卡岩型”多金属矿床成因探讨 [J]. 矿床地质，1986（2）：36–43.

[177] 邓汉雄，邓起 . 湖南铜山岭多金属矿床的地质特征及成因 [J]. 桂林冶金地质学院学报，1991（2）：139–149.

[178] 邓尚武 . 铜山岭有色金属矿选矿厂节能措施及效果 [J]. 矿冶工程，1987（4）：67.

[179] 贾宝华，黄革非 . 湖南省铁矿成矿规律及找矿潜力研究 [J]. 国土资源导刊，2012（5）：82–83.

[180] 李福顺，康如华，胡绪云，等．南岭魏家钨矿床地质特征及找矿前景分析 [J]. 中国地质，2012（2）：445–457.

[181] 李荣清．湘南多金属矿床方解石中镁铁锰含量特征及其意义 [J]. 湖南地质，1995（2）：99–105.

[182] 李荣清．湘南地区多金属矿床中方解石的发光性 [J]. 湖南地质，1992（增刊 1）：13–16.

[183] 李荣清，刘德镒，申志军，等．湘南岩控矿床成矿系列找矿矿物学及成矿预测 [J]. 矿物岩石地球化学通讯，1992（4）：224–226.

[184] 李玉平．湖南金矿大地构造类型及分布规律 [J]. 湖南地质，1993（3）：157–162，170.

[185] 刘雄．湖南铜山岭矿田控矿因素及成矿模式探讨 [J]. 矿产与地质，2006（21）：442–445.

[186] 刘耀荣，李泽泓，彭学军，等．九嶷山－铜山岭－都庞岭花岗岩带低钕模式年龄的成因探讨 [J]. 华南地质与矿产，2004（4）：28–32.

[187] 刘友勋，刘亚新，李建中，等．湘南地区银矿类型划分及找矿方向浅析 [J]. 华南地质与矿产，2003（3）：43–48.

[188] 龙汉春．铜山岭多金属矿床的成因特点和矿质来源 [J]. 大地构造与成矿学，1983（3）：198–208，266–267.

[189] 龙汉春．从实例看斑岩－夕卡岩－热液－层控成矿模式及其研究意义 [J]. 大地构造与成矿学，1983（2）：110–116.

[190] 罗献林．湖南金矿床的成矿特征与成因类型 [J]. 桂林冶金地质学院学报，1991（1）：23–33.

[191] 欧超人．湖南铜山岭矽卡岩型伴生金银矿的地质地球化学特征 [J]. 桂林冶金地质学院学报，1990（1）：27–34.

[192] 谭红军．铜山岭矿岩溶区浆液扩散特征及注浆工艺问题 [J]. 长沙矿山研究院季刊，1987（4）：47–50.

[193] 谭克仁 . 湖南铜山岭花岗闪长斑岩地球化学特征及其成矿作用 [J]. 大地构造与成矿学，1983（1）：66–80.

[194] 谭克仁 . 湖南江永铜山岭花岗闪长斑岩地质特征及其成矿作用 [J]. 大地构造与成矿学，1983（3）：209–216.

[195] 魏道芳，鲍征宇，付建明 . 湖南铜山岭花岗岩体的地球化学特征及锆石 SHRIMP 定年 [J]. 大地构造与成矿学，2007（4）：482–489.

[196] 吴守福 . 铜山岭多金属矿田的若干地球化学特征 [J]. 地质与勘探，1983（4）：28–33.

[197] 吴守福 . 铜山岭多金属矿田表生元素地球化学特征及其找矿效果 [J]. 地质与勘探，1985（5）：56–59，28.

[198] 吴志华 . 南岭地区铜山岭区域构造组合分析及其与矿产关系 [J]. 中国矿业，2010（5）：107–110.

[199] 邢卫国，钟竹前，梅光贵 . 黄铜矿溶解动力学研究 [J]. 有色金属（冶炼部分），1990（5）：27–30.

[200] 徐峰嵘 . 铜山岭岩体基本特征及其与矿产的关系 [J]. 西部探矿工程，2010（5）：94–96.

[201] 杨冲，申志军，匡文龙，等 . 湘西南铜山岭地区钨多金属矿床地质特征及成矿机制探讨：以祥霖铺矿床为例 [J]. 地质找矿论丛，2012（2）：156–161.

[202] 姚军明，华仁民，林锦富 . 湘东南黄沙坪花岗岩 LA–ICPMS 锆石 U–Pb 定年及岩石地球化学特征 [J]. 岩石学报，2005（3）：688–696.

[203] 易慧，徐素云 . 铜山岭矿田庵堂岭铅锌矿床地球化学特征分析 [J]. 地质与勘探，2006（4）：20–24.

[204] 张湘炳 . 湖南铜山岭矿田构造 – 岩浆活动与成矿作用分析 [J]. 大地构造与成矿学，1986（1）：53–70.

[205] 张湘炳 . 铜山岭矿田成矿组合的分析 [J]. 大地构造与成矿学，1983

（3）：187–197.

[206] 佚名．七宝山外围探获厚金铜矿体 [J]. 金属矿山，2007（11）：34.

[207] 曹兴男．湖南七宝山多金属矿床控矿构造及成矿预测 [J]. 地质与勘探，1987（5）：17–21.

[208] 戴塔根，刘星辉，童潜明．湖南浏阳七宝山矿区宝山河不同时期环境污染对比研究 [J]. 矿冶工程，2005（6）：9–13.

[209] 符巩固．七宝山“铁帽型”与“铁锰黑土型”金银矿异同初探 [J]. 湖南地质，1998（4）：246–250，260.

[210] 韩公亮，何泗威，孙敏云，等．湖南浏阳七宝山多金属矿床的金银矿物及其形成条件 [J]. 矿物岩石，1985（1）：97–103，104.

[211] 胡祥昭，彭恩生，孙振家．湘东北七宝山铜多金属矿床地质特征及成因探讨 [J]. 大地构造与成矿学，2000（4）：365–370.

[212] 胡祥昭，杨中宝．浏阳七宝山铜多金属矿床成矿流体演化与成矿的关系 [J]. 地质与勘探，2003（5）：22–25.

[213] 李中华，陈愈勇，康卫清．湖南省七宝山硫铁矿黑土型金矿资源综合开发利用 [J]. 国土资源导刊，2007（4）：31–34.

[214] 梁荣桂，赵忠伟．浏阳县七宝山黑土型金银矿床金银赋存状态及成矿机理探讨 [J]. 湖南地质，1983（1）：31–37，98.

[215] 刘旭，刘有才，符剑刚，等．浏阳七宝山矿区复杂多金属矿综合利用 [J]. 广东化工，2009（4）：70–72.

[216] 陆玉梅，殷浩然，沈瑞锦．七宝山多金属矿床成因模式 [J]. 矿床地质，1984（4）：53–60.

[217] 孙敏云，韩公亮，何泗威，等．湖南浏阳七宝山多金属矿床中的辉碲铋矿 [J]. 矿物学报，1985（1）：76–79.

[218] 王郁．山东七宝山金矿床地质特征及成因探讨 [J]. 地质论评，1991（4）：329–337.

[219] 王郁．山东七宝山火山岩与金矿化 [J]. 地质论评，1999（增刊 1）：577–580.

[220] 杨中宝，彭省临，胡祥昭，等．浏阳七宝山铜多金属矿床流体包裹体特征及成矿意义 [J]. 地球科学与环境学报，2004（2）：11–15.

[221] 易琳琪，梁荣桂，吴保华，等．七宝山斑岩型多金属矿床成矿条件与成因探讨 [J]. 化工地质，1982（1）：53–63.

[222] 袁晓丹．褶皱构造对七宝山铅锌矿石质与量的影响 [J]. 江西冶金，1994（2）：44.

[223] 张国华，刘若愚．湖南浏阳小七宝山铜锌矿矿山地质环境条件分析与评价 [J]. 国土资源导刊，2006（5）：35–37.

[224] 张世柏，陈蓉美．浏阳七宝山铁帽型金矿氧化剖面形成机制探讨 [J]. 中南矿冶学院学报，1989（6）：588–594.

[225] 张世柏，陈蓉美．湖南七宝山铁帽型金矿工艺矿物学研究 [J]. 黄金，1989（5）：10–13.

[226] 周宗芳，沈曾明，李幼民．浏阳县七宝山黑土型矿床中有用元素赋存状态研究 [J]. 湖南地质，1985（2）：1–6.

[227] 黄怀勇，王道经，陈广浩，等．天门山震旦 / 寒武系界线上可能撞击事件目标地层展布与分析 [J]. 大地构造与成矿学，2002（3）：285–288.

[228] 黄怀勇，王道经，陈广浩，等．天门山震旦 / 寒武系界线上地外撞击事件痕迹 [J]. 大地构造与成矿学，2004（1）：98–104.

[229] 刘善宝，王登红，陈毓川，等．南岭东段赣南地区天门山花岗岩体及花岗斑岩脉的 SHRI MP 定年及其意义 [J]. 地质学报，2007（7）：972–978.

[230] 马莉燕，林丽，庞艳春，等．湖南天门山牛蹄塘组底部沉积环境分析 [J]. 成都理工大学学报（自然科学版），2010（3）：249–255.

[231] 王道经，黄怀勇．天门山震旦系 / 寒武系界线事件沉积序列的初步观察与对比分析 [J]. 大地构造与成矿学，1999（1）：95–100.

[232] 佚名．湖南省道县锰矿冶炼厂炼出优质生铁和合格富锰渣 [J]. 中国锰业，1989（4）：62.

[233] 张鼎，肖攀，何凤．湖南道县后江桥铁锰铅锌矿区水文地质条件分析及涌水量预测研究 [J]. 工业安全与环保，2012（4）：42–45.

[234] 周海闲．后江桥铁锰铅锌矿综合利用途径的探讨 [J]. 湖南冶金，1987（2）：21–23.

[235] 李旭．九曲湾砂岩铜矿降低贫化损失的障碍因素与对策 [J]. 湖南冶金，1992（3）：33–34.

[236] 史之权，彭志忠．湖南常宁柏坊铜鼓塘的磷铜矿 [J]. 北京地质学院学报，1960（2）：35–36.

[237] 史之权，彭志忠．湖南常宁柏坊铜鼓塘的水胆矾 [J]. 北京地质学院学报，1960（2）：37–38.

[238] 鲍正襄，万榕江，包觉敏．沃溪钨锑金矿床成矿的独特性 [J]. 湖南冶金，2002（4）：11–14.

[239] 董树义，顾雪祥，舒尔茨，等．湖南沃溪 W–Sb–Au 矿床成因的流体包裹体证据 [J]. 地质学报，2008（5）：641–647.

[240] 高斌，马东升．围岩蚀变过程中地球化学组份质量迁移计算：以湖南沃溪 Au–Sb–W 矿床为例 [J]. 地质找矿论丛，1999（2）：3–29.

[241] 顾雪祥，舒尔茨，法塔，等．湖南沃溪钨 – 锑 – 金矿床的矿石组构学特征及其成因意义 [J]. 矿床地质，2003（2）：107–120.

[242] 顾雪祥，刘建明，舒尔茨，等．湖南沃溪金 – 锑 – 钨矿床成因的稀土元素地球化学证据 [J]. 地球化学，2005（5）：428–442.

[243] 匡文龙，古德生，刘新华．沃溪金、锑、钨矿床成矿地质特征及找矿前景分析 [J]. 黄金，2004（6）：10–15.

[244] 刘正庚，滕雁，余景明，等．湘西沃溪金锑钨矿床断裂构造地球化学研究 [J]. 黄金，1999（6）：5–9.

[245] 滕雁，刘正庚，余景明，等．湘西沃溪金锑钨矿床稀土元素地球化学特征 [J]. 桂林工学院学报，1999（2）：108–113.

[246] 刘英俊，季峻峰，孙承辕，等．湖南黄金洞元古界浊积岩型金矿床的地质地球化学特征 [J]. 地质找矿论丛，1991（1）：1–13.

[247] 罗献林．论湖南黄金洞金矿床的成因及成矿模式 [J]. 桂林冶金地质学院学报，1988（3）：225–240.

[248] 张先学．湖南省平江县黄金洞金矿田成矿规律及找矿方向 [J]. 国土资源导刊，2008（2）：60–61.

[249] 符海华，唐卫国，汤亚平．铲子坪金矿控矿因素再认识与深边部找矿远景分析 [J]. 矿产与地质，2011（2）：91–97.

[250] 胡能勇，王甫仁，权正钰．铲子坪金矿北东向断裂带变形特征 [J]. 湖南地质，1995（3）：159–162.

[251] 李华芹，王登红，陈富文，等．湖南雪峰山地区铲子坪和大坪金矿成矿作用年代学研究 [J]. 地质学报，2008（7）：900–905.

[252] 骆学全．湖南铲子坪金矿的成矿规律及找矿标志 [J]. 湖南地质，1996（1）：33–38.

[253] 夏毓亮，黄世杰，徐伟昌．铲子坪铀矿床成因机制的同位素地质学研究 [J]. 矿物岩石地球化学通讯，1986（3）：127–128.

[254] 赵建光．铲子坪金矿床金的赋存状态及分布规律 [J]. 湖南地质，2000（3）：164–168.

[255] 赵建光，陈强春．湖南铲子坪式金矿床地质 – 地球物理 – 地球化学及综合找矿模式 [J]. 国土资源导刊，2006（3）：80–83.

[256] 骆学全．铲子坪金矿的构造成矿作用 [J]. 湖南地质，1993（3）：171–176.

[257] 申晓春．螺杆钻受控定向钻探技术在铲子坪金矿区的应用 [J]. 探矿工程，1991（S）：47–62.

[258] 魏道芳．铲子坪金矿成矿物质来源及成矿机理的地球化学研究 [J]. 湖南地质，1993（1）：29–34.

[259] YANG D S， SHIMIZU M， SHIMAZAKI H， et al. Sulfur isotope geochemistry of the supergiant Xikuangshan Sb deposit， central Hunan， China： constraints on sources of ore constituents[J]. Resource geology， 2006， 56（4）： 385–396.

[260] 陈占瑚，吕邦基，林维聪．宁乡式铁矿直接还原－磁选除磷 [J]. 矿产综合利用，1986（1）：20–23.

[261] 傅家谟．鄂西宁乡式铁矿的形成和分布规律（对鄂西地区今后地质找矿及勘探工作提供几点意见）[J]. 地质科学，1959（4）：109–115.

[262] 傅家谟．鄂西宁乡式铁矿的相与成因 [J]. 地质学报，1961（2）：112–128，233–234.

[263] 胡宁，徐安武．鄂西宁乡式铁矿分布层位岩相特征与成因探讨 [J]. 地质找矿论丛，1998，13（1）：40–47.

[264] 林成辉．对建设祁东铁矿的初步看法和意见 [J]. 湖南冶金，1989（3）：60–64.

[265] 蓝家琛．对“湖南瑶岗仙花岗岩侵入体的生成与变化过程及成矿关系的初步研究”一文的意见 [J]. 地质论评，1958（4）：321–323.

[266] 阮道源．湖南瑶岗仙花岗岩侵入体的生成与变化过程及成矿关系的初步研究 [J]. 地质论评，1958（1）：1–10，88–89.

[267] 祝新友．湖南瑶岗仙花岗岩浆演化与钨多金属矿成矿作用 [J]. 矿物学报，2011（增刊 1）：156–157.

[268] 林新多，章传玲，张德会．初论湖南瑶岗仙含钨矿脉及矿化的垂直分带 [J]. 地质论评，1987（6）：539–546.

[269] 邱瑞龙 . 瑶岗仙“五层楼”式脉钨矿床围岩蚀变研究 [J]. 矿床地质，1984（2）：68–75.

[270] 周明道，陈鸿达 . 大义山地区硼矿床微量元素分带性研究及在找矿中的应用 [J]. 湖南地质，1992（增刊 1）：82–85.

[271] 刘龙武，王增润，罗贤昌 . 湖南香花岭矿田一号锡多金属矿化带空间几何学的研究 [J]. 矿产与地质，1996（4）：245–250.

[272] 高国秋，易诗军，杨楚雄，等 . 湘南香花岭地区泥盆系白云岩的成因 [J]. 地球化学，1988（3）：216–223，289.

[273] 蒋德和，杨振强，曾允孚，等 . 湘南晚泥盆世佘田桥期碳酸盐块状流沉积特征 [J]. 湖南地质，1990（4）：32–38.

[274] 李诚，杨长明，钟江临 . 香花岭矿田地质特征与地球化学的关系 [J]. 矿产与地质，2005（5）：529–532.

[275] 梁述文，杜方权，谢建华 . 香花岭锡多金属矿床成因初步探讨 [J]. 大地构造与成矿学，1983（3）：228–238.

[276] 文国璋，郭立信 . 临武香花岭矿锡铅锌多金属矿床形成机理的探讨 [J]. 地质与勘探，1987（4）：5–13.

[277] 柏道远，黄建中，王先辉，等 . 湖南邵阳—郴州北西向断裂左旋走滑暨水口山—香花岭南北向构造成因 [J]. 中国地质，2006（1）：56–63.

[278] 刘耀荣 . 香花岭矿田古构造应力场特征 [J]. 湖南地质，1991（1）：59–67.

[279] 毛先成，陈国珖 . 香花岭锡矿田隐伏矿床的立体定量预测 [J]. 桂林冶金地质学院学报，1988（1）：15–22.

[280] 裴荣富，王永磊，王浩琳 . 南岭钨锡多金属矿床成矿系列与构造岩浆侵位接触构造动力成矿专属 [J]. 中国地质，2009（3）：483–489.

[281] 唐朝永，柳凤娟 . 湘南炎陵—蓝山断裂带地质特征及其构造成矿作

用分析 [J]. 矿产与地质，2010（1）：1–8.

[282] 王增润 . 湖南香花岭矿田地洼型斑岩锡矿床成因和找矿方向 [J]. 大地构造与成矿学，1992（2）：158–159.

[283] 徐启东，章锦统 . 湖南香花岭锡多金属矿田成矿地质背景与找矿潜力评估 [J]. 地球科学，1993（5）：602–611，672.

[284] 赵龙辉，邹宾微，柏道远 . 湖南香花岭花岗岩岩石化学特征及其构造环境 [J]. 华南地质与矿产，2008（1）：1–6.

[285] 邱瑞照，周肃，常海亮，等 . 超临界流体在花岗岩成岩成矿过程中的作用：以香花岭花岗岩型铌钽矿床（430）为例 [J]. 地质科技情报，1998（增刊 1）：41–45.

[286] 邱瑞照，周肃，常海亮，等 . 香花岭花岗岩稀土元素演化 [J]. 现代地质，2002（1）：53–58.

[287] 唐朝永，刘利生 . 香花岭锡多金属矿田微量元素地球化学特征及找矿意义 [J]. 矿产与地质，2005（6）：688–691.

[288] 王联魁，王慧芬，黄智龙 . Li–F 花岗岩液态分离的微量元素地球化学标志 [J]. 岩石学报，2000（2）：145–152.

[289] 徐启东 . 湖南香花岭复式碱长花岗岩体侵入期次关系的识别 [J]. 湖南地质，1991（4）：289–294.

[290] 罗贤昌，王增润，罗贤国 . 湖南香花岭锡多金属矿床中伴生银的富集规律及其找矿意义 [J]. 地质与勘探，1988（10）：19–24.

[291] 欧阳霖，胡斌 . 湘南香花岭锡铅锌多金属矿床成矿模式浅析 [J]. 矿物学报，2011（增刊 1）：84–85.

[292] 文国璋，郭立信，丁存根 . 临武县香花岭锡铅锌多金属矿矿化分带的初步研究 [J]. 湖南地质，1984（1）：14–25，2.

[293] 张德全，王立华 . 香花岭矿田矿床成矿分带及其成因探讨 [J]. 矿床地质，1988（4）：33–42.

[294] 陈仕谋，李洪昌，谢慈国，等．柿竹园钨锡钼铋矿区地质特征及控矿因素 [J]. 地质与勘探，1981（10）：15–21.

[295] 龚庆杰，於崇文，张荣华．柿竹园钨多金属矿床形成机制的物理化学分析 [J]. 地学前缘，2004（4）：617–625.

[296] 李文兴．柿竹园钨多金属矿床成岩成矿作用的几点新认识 [J]. 矿产与地质，1988（1）：73–80.

[297] 刘义茂，王昌烈，胥友志，等．柿竹园超大型钨多金属矿床的成矿条件与成矿模式 [J]. 中国科学（D 辑：地球科学），1998（S2）：49–56.

[298] 毛景文，裴荣富，李红艳，等．柿竹园超大型钨多金属矿床形成的几个异常因素刍议 [J]. 矿物岩石地球化学通讯，1994（2）：117–118.

[299] 於崇文，岑况，龚庆杰，等．湖南郴州柿竹园超大型钨多金属矿床的成矿复杂性研究 [J]. 地学前缘，2003（3）：15–39.

[300] 赵亮，黄满湘，马德成．郴州柿竹园野鸡尾南铅锌矿控矿因素与成矿规律 [J]. 资源环境与工程，2010（3）：242–245.

[301] 郑大中，郑若锋．论湖南柿竹园多金属矿床成岩成矿的化学模式：与毛景文先生等商榷 [J]. 四川地质学报，1997（4）：268–278.

[302] 蔡新华，张怡军，徐惠长，等．柿竹园钨锡钼铋多金属矿深边部铅锌找矿潜力分析 [J]. 地质与勘探，2006（2）：29–32.

[303] 陈骏，霍尔斯，斯坦利．柿竹园矽卡岩型钨锡钼铋矿床主要造岩矿物中 REE 的分布特征及成岩意义 [J]. 地球化学，1994（增刊 1）：84–92.

[304] 陈骏，霍尔斯，斯坦利．湖南柿竹园钨 – 钼 – 铋 – 锡矿床中锡石的产状与成因 [J]. 地质论评，1992（2）：164–172，201.

[305] 毛景文．超大型钨多金属矿床成矿特殊性：以湖南柿竹园矿床为例 [J]. 地质科学，1997（3）：351–363.

[306] 毛景文，李红艳，居伊，等．湖南柿竹园矽卡岩－云英岩型 W–Sn–Mo–Bi 矿床地质和成矿作用 [J]. 矿床地质，1996（1）：1–15.
[307] 孙一虹，任湘眉．柿竹园钨锡钼铋矿床主要矿石矿物研究 [J]. 矿物学报，1986（2）：179–187，195.
[308] 杨超群．柿竹园超大型钨—锡—钼—铋—铍矿床形成的条件 [J]. 矿物岩石地球化学通讯，1989（4）：231–232.
[309] 李艺，梁有彬．湖南柿竹园铅锌矿床伴生金、银的赋存状态研究 [J]. 地质与勘探，1991（8）：21–25.
[310] 梁祥济．湖南柿竹园钨多金属矿床成矿机理的实验研究 [J]. 矿床地质，1996（2）：278–286.
[311] 刘英俊，张景荣，陈骏．柿竹园钨钼铋锡（铍）矿床成矿作用若干问题的探讨 [J]. 地质与勘探，1983（5）：8–14.
[312] 赵劲松，纽伯里．对柿竹园矽卡岩成因及其成矿作用的新认识 [J]. 矿物学报，1996（4）：442–449.
[313] 赵亮，马德成．郴州柿竹园野鸡尾南铅锌矿控矿因素与成矿规律 [J]. 矿产与地质，2010（1）：55–58.
[314] 朱自强，黄国祥．柿竹园矿田重磁资料的三维反演及成矿预测 [J]. 矿产与地质，1996（1）：66–72.
[315] 陈依壤．瑶岗仙花岗岩地质地球化学特征与成岩成矿作用 [J]. 矿产与地质，1988（1）：62–72.
[316] 郭伟革，蒋加燥，甘先平．湖南瑶岗仙钨矿床地质特征及成矿模式探讨 [J]. 矿产与地质，2010（4）：309–313.
[317] 何小平．瑶岗仙钨矿找矿预测探讨 [J]. 中国钨业，2002（4）：40–44.
[318] 李顺庭，王京彬，祝新友，等．湖南瑶岗仙复式岩体的年代学特征 [J]. 地质与勘探，2011（2）：143–150.
[319] 孙健，倪艳军，柏道远，等．湘东南瑶岗仙岩体岩石化学特征、成

因与构造环境 [J]. 华南地质与矿产，2009（3）：12–18.
[320] 陈依壤 . 瑶岗仙脉钨矿床地质特征与找矿标志 [J]. 地质与勘探，1981（2）：25–30.
[321] 潘莉，蔡新华 . 瑶岗仙地区成矿因素及找矿方向 [J]. 国土资源导刊，2009（3）：54–59.
[322] 晏月平，戴前伟，甘先平 . 瑶岗仙钨矿综合物探找矿效果 [J]. 物探与化探，2010（1）：59–62.
[323] 周柏生，张国华，龚述清，等 . 湖南瑶岗仙矿田化探异常特征及找矿前景 [J]. 物探与化探，2002（6）：436–438.
[324] 张良华，黄良模 . 大义山地区硼矿地球化学特征及找矿方向 [J]. 湖南地质，1997（4）：239–244，279.
[325] 胡雄伟，裴荣富，吴良士 . 湖南锡矿山超大型锑矿聚矿构造分析 [J]. 矿床地质，1994（增刊 1）：90–91.
[326] 李智明 . 锡矿山锑矿成矿机理的探讨 [J]. 矿产与地质，1993（2）：88–93.
[327] 李智明 . 湖南省锡矿山锑矿成矿规律研究 [J]. 有色矿山，1990（5）：1–5.
[328] 刘焕品，张永龄，胡文清 . 湖南省锡矿山锑矿床的成因探讨 [J]. 湖南地质，1985（1）：28–39，83.
[329] 易建斌 . 锡矿山锑矿床成矿褶皱构造地球化学的研究 [J]. 矿产与地质，1994（3）：178–182.
[330] 谌锡霖，蒋云杭，李世永，等 . 湖南锡矿山锑矿成因探讨 [J]. 地质论评，1983（5）：486–492，498.
[331] 何雨明，杨牧 . 锡矿山煌斑岩成因探讨 [J]. 南方金属，2010（6）：35–39.
[332] 陶琰，高振敏，金景福，等 . 湘中锡矿山式锑矿成矿物质来源探讨

[J]. 地质地球化学，2001（1）：14–20.

[333] 陶琰，高振敏，金景福，等 . 湘中锡矿山式锑矿成矿地质条件分析 [J]. 地质科学，2002（2）：184–195，242.

[334] 陶琰，金景福，唐建武，等 . 湘中锡矿山式锑矿稀土元素地球化学研究 [J]. 成都理工学院学报，1999（3）：303–307.

[335] 吴良士，胡雄伟 . 湖南锡矿山地区云斜煌斑岩及其花岗岩包体的意义 [J]. 地质地球化学，2000（2）：51–55.

[336] 肖亮明，邹利群，李文革 . 锡矿山锑矿床中方解石基本特征及与矿化的关系 [J]. 中国矿山工程，2006（6）：5–7，47.

[337] 谢桂青，彭建堂，胡瑞忠，等 . 湖南锡矿山锑矿矿区煌斑岩的地球化学特征 [J]. 岩石学报，2001（4）：629–636.

[338] 易建斌，付守会，单业华 . 湖南锡矿山超大型锑矿床煌斑岩脉地质地球化学特征 [J]. 大地构造与成矿学，2001（4）：290–295.

[339] 印建平，戴塔根 . 湖南锡矿山超大型锑矿床成矿物质来源、形成机理及其找矿意义 [J]. 有色金属矿产与勘查，1999（6）：476–481.

[340] 邹同熙 . 湖南锡矿山锑矿田的地球化学特征与成矿机理 [J]. 桂林冶金地质学院学报，1988（2）：187–195.